U0180742

PyTorch教程
21个项目玩转
PyTorch实战

王飞　何健伟　林宏彬　史周安◎编著

北京大学出版社
PEKING UNIVERSITY PRESS

内 容 提 要

PyTorch 是基于 Torch 库的开源机器学习库，它主要由 Meta（原 Facebook）的人工智能研究实验室开发，在自然语言处理和计算机视觉领域都具有广泛的应用。本书介绍了简单且经典的入门项目，方便快速上手，如 MNIST 数字识别，读者在完成项目的过程中可以了解数据集、模型和训练等基础概念。本书还介绍了一些实用且经典的模型，如 R-CNN 模型，通过这个模型的学习，读者可以对目标检测任务有一个基本的认识，对于基本的网络结构原理有一定的了解。另外，本书对于当前比较热门的生成对抗网络和强化学习也有一定的介绍，方便读者拓宽视野，掌握前沿方向。

本书适合人工智能、机器学习、深度学习方面的人员阅读，也适合其他 IT 方面从业者，另外，还可以作为相关专业的教材。

图书在版编目(CIP)数据

PyTorch教程：21个项目玩转PyTorch实战 / 王飞等编著. — 北京 ： 北京大学出版社，2022.12
ISBN 978-7-301-33446-1

Ⅰ. ①P… Ⅱ. ①王… Ⅲ. ①机器学习—教材 Ⅳ. ①TP181

中国版本图书馆CIP数据核字(2022)第184445号

书　　　　名	PyTorch 教程：21个项目玩转 PyTorch 实战	
	PyTorch JIAOCHENG : 21 GE XIANGMU WANZHUAN PyTorch SHIZHAN	
著作责任者	王　飞　等编著	
责 任 编 辑	刘　云	
标 准 书 号	ISBN 978-7-301-33446-1	
出 版 发 行	北京大学出版社	
地　　　　址	北京市海淀区成府路205 号　　100871	
网　　　　址	http://www. pup. cn　　　　新浪微博: @ 北京大学出版社	
电 子 信 箱	pup7@ pup. cn	
电　　　　话	邮购部 010-62752015　　发行部 010-62750672　　编辑部 010-62570390	
印 　刷 　者	北京飞达印刷有限责任公司	
经 销 者	新华书店	
	787毫米×1092毫米　16开本　18.25印张　414千字	
	2022年12月第1版　2022年12月第1次印刷	
印　　　　数	1—4000册	
定　　　　价	89.00 元	

前 言
PREFACE

写作背景

2018 年，当大部分人还在用 TensorFlow 框架时，我们开始尝试使用 PyTorch，并发现 PyTorch 更加简洁易用。在使用的过程中，没有找到太多的中文资料，于是比较早地翻译了官方文档并分享在 PyTorch123 网站上。这份文档至今仍是很多初学者使用的入门文档，在开源社区 GitHub 上是比较热门的官方文档翻译之一。

现在，有越来越多的研究人员开始使用 PyTorch 框架，所以，一本方便初学者快速入门的书就非常有必要了。因此，笔者创作了本书，希望能对读者有所帮助和提高。

主要内容

在编写本书时，我们结合读研期间的一些科研经历和毕业之后的一些工作经验，做了以下工作：首先，选取了经典的框架，方便读者了解基础概念；其次，选择了计算机视觉和自然语言处理的热门任务，方便读者了解这些任务的模型及代码的实现；最后，为了拓展学习，加入了比较热门的生成对抗网络和强化学习的内容。由于作者能力有限，书中如有不当之处，还请各位读者不吝赐教。

开发环境

为了方便读者的学习和使用，书中的代码运行环境都进行了说明，主要为 Python 3.6、PyTorch 1.4 和 torchvision 0.5.0。建议读者采用 Docker 来部署运行环境，比较方便快捷。

本书阅读对象

（1）人工智能方向的研究生；

（2）对深度学习感兴趣的学生；

（3）想要学习深度学习框架的其他 IT 从业者。

此外，为了提高读者的实际应用能力，本书提供了相关辅助学习资源，并已上传至百度网盘，供读者下载。请读者关注封底"博雅读书社"微信公众号，找到资源下载栏目，输入本书 77 页的资源下载码，根据提示获取。

致谢

感谢伍颖妍参与翻译了官方文档，感谢练其炎和关雨呈参与本书部分章节的撰写工作。

目 录
CONTENTS

第4章　文本生成

第5章　目标检测和实例分割

第6章　人脸检测与识别

第7章　利用 DCGAN 生成假脸

第8章 pix2pix 为黑白图片上色

第9章 Neural-Style 与图像风格迁移

第10章 对抗机器学习和欺骗模型

第11章 word2vec 与词向量

第12章　命名实体识别

第13章　基于 AG_NEWS 的文本分类

第14章　基于 BERT 的文本分类

第19章 CycleGAN 模型

第20章 图像超分辨率与 ESPCN

第21章 强化学习

第1章

数字识别

MNIST 数字识别是学习神经网络非常好的入门知识。MNIST 是由 Yann LeCun 等创建的手写数字识别数据集，简单易用，通过对该数据集的认识可以很好地对数据进行神经网络建模。本章以 MNIST 数据集为例，利用 PyTorch 导入数据，并建立一个简单的图像识别模型，同时介绍 PyTorch 搭建网络的几个核心概念。

1.1　MNIST数据集

MNIST 数据集主要是一些手写的数字的图片及对应标签，该数据集的图片共有 10 类，对应的阿拉伯数字为 0 ~ 9，如图 1-1 所示。

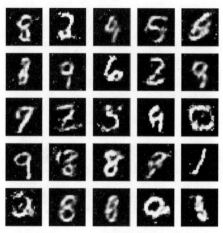

图1-1　MNIST数据集图片示例

1.1.1　MNIST 数据集简介

在 MNIST 数据集介绍的官网（http://yann.lecun.com/exdb/mnist/）中可知，原始的 MNIST 数据集共包含 4 个文件，见表 1-1。

表1-1　原始的MNIST数据集包含的文件

文件名	大小	用途
train-images-idx3-ubyte.gz	≈9.45 MB	训练图像数据
train-labels-idx1-ubyte.gz	≈0.03 MB	训练图像的标签
t10k-images-idx3-ubyte.gz	≈1.57 MB	测试图像数据
t10k-labels-idx1-ubyte.gz	≈4.4 KB	测试图像的标签

在 MNIST 数据集中有两类图像：一类是训练集，对应着文件 train-images-idx3-ubyte.gz 和 train-labels-idx1-ubyte.gz；另一类是测试集，对应着文件 t10k-images-idx3-ubyte.gz 和 t10k-labels-idx1-ubyte.gz。在数量上，训练集一共有 60000 张图像，而测试集有 10000 张图像。我们可以通过自行下载数据集，然后在 Python 中打开并进行处理，也可以利用 PyTorch 中定义好的包进行下载导入并处理。

1.1.2　导入数据集

在 PyTorch 中，有一个非常重要且好用的包是 torchvision，该包主要由 3 个子包组成，分别是 models、datasets 和 transforms。models 定义了许多用来完成图像方面深度学习的任务模型。datasets 中包含 MNIST、Fake Data、COCO、LSUN、ImageFolder、DatasetFolder、ImageNet、CIFAR 等一些常用的数据集，并且提供了数据集设置的一些重要参数，可以通过简单数据集设置来进行数据集的调用。transforms 用来对数据进行预处理，预处理会加快神经网络的训练，常见的预处理包括从数组转成张量（tensor）、归一化等常见的变化。本章导入主要涉及 datasets 和 transforms，下面通过例子来讲解。

```
train_loader = torch.utils.data.DataLoader(
    datasets.MNIST(root='./data',# root 表示数据加载的相对目录
                    train=True,# train 为 True 时加载数据库的训练集，为 False 时加
                                # 载测试集
                    download=True,# download 表示是否自动下载
                    transform=transforms.Compose([# transform 表示对数据进
                                                    # 行预处理的操作
                        transforms.ToTensor(),
                        transforms.Normalize((0.1307,), (0.3081,))
                    ])),
                    batch_size=64,# batch_size 表示该批次的数据量
                    shuffle=True)# shuffle 表示是否洗牌
test_loader = torch.utils.data.DataLoader(
    datasets.MNIST('./data', train=False, transform=transforms.Compose([
                        transforms.ToTensor(),
                        transforms.Normalize((0.1307,), (0.3081,))
                    ])),batch_size=64, shuffle=True)
```

上述代码最外层调用了 DataLoader 对数据进行封装，而里面涉及了 datasets 和 transforms。对于 root 目录，PyTorch 会检测数据是否存在，当数据不存在时，系统会自动将数据下载到 data 文件夹中。其中的 transforms 对原数据进行了两个操作，一个是 ToTensor，用来把 PIL.Image（RGB）或者 numpy.ndarray（H×W×C）0~255 的值映射到 0~1 的范围内，并转换成 Tensor 格式；另一个是 Normalize(mean,std)，用来实现归一化，不同数据集中图像通道的均值（mean）和标准差（std）这两个数值是不一样的，MNIST 数据集的均值是 0.1307，标准差是 0.3081，这些系数是数据集提供方计算好的，有利于加快神经网络的训练。我们随机取一个 batch 下的数据进行观察，并将其可视化画出来，结果如图 1-2 所示。

```
def imshow(img):
    img = img / 2 + 0.5       # 逆归一化
    npimg = img.numpy()
    plt.imshow(np.transpose(npimg, (1, 2, 0)))
    plt.show()
# 得到 batch 中的数据
```

```
dataiter = iter(train_loader)
images, labels = dataiter.next()
# 展示图片
imshow(torchvision.utils.make_grid(images))
```

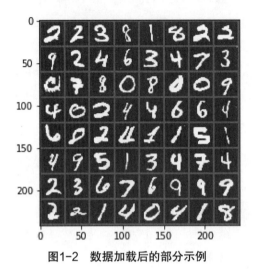

图1-2　数据加载后的部分示例

1.2 构建模型

在 1.1 节中，我们对 MNIST 数据集有了基本的认识，并掌握了如何在 PyTorch 中导入该数据集，本节将以 PyTorch 为工具，搭建一个图像识别网络。一个典型的神经网络训练过程包括定义神经网络、前向传播、计算损失、反向传播、更新参数。

1.2.1　定义神经网络

在 PyTorch 中，torch.nn 是专门为神经网络设计的模块化接口，nn 库构建于 autograd（在 PyTorch 中为 Tensor 所有操作提供自动微分）之上，可以用来定义和运行神经网络。nn.Module 是 nn 库中十分重要的类，包含网络各层的定义及 forward 函数。PyTorch 允许定义自己的神经网络，但需要继承 nn.Module 类，并实现 forward 函数。只要在 nn.Module 的子类中定义 forward 函数，backward 函数就会被自动实现（利用 autograd），一般把神经网络中具有可学习参数的层放在构造函数 __init__ 中，而不具有可学习参数的层（如 ReLU），可放在构造函数中，也可不放在构造函数中。下面的代码就是大概的框架。

```
import torch.nn as nn  # 导入 nn 库的常见做法
class NetName(nn.Module):# 为神经网络定义名字 NetName 及继承 nn.Module 类
    def __init__(self):
        super(NetName, self).__init__()
        nn.module1 = ...
        nn.module2 = ...
        nn.module3 = ...

    def forward(self,x):# 用来前向传播
        x = self.module1(x)
        x = self.module2(x)
        x = self.module3(x)
        return x
```

本小节针对 MNIST 数据集，我们构建一个简单的图像识别网络，该网络结构如图 1-3 所示。

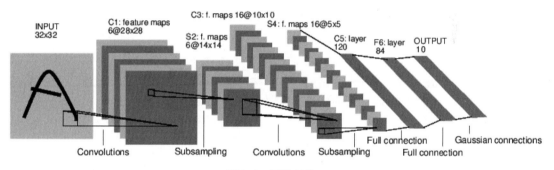

图1-3 网络结构

这是一个简单的前馈神经网络，其中 Convolutions 是卷积操作，Subsampling 是下采样操作，也就是池化，Full connection 表示全连接层，Gaussian Connections 是进行了欧式径向基函数（Euclidean Radial Basis Function）运算并输出最终结果。它将输入的图片，经过两层卷积和池化，再经过三层全连接，最后输出我们想要的概率值。代码如下：

```
import torch
import torch.nn as nn
import torch.nn.functional as F# 可以调用一些常见的函数，如非线性和池化等

class Net(nn.Module):
    def __init__(self):
        super(Net, self).__init__()
        # 输入图片为单通道，输出为六通道，卷积核大小为 5×5
        self.conv1 = nn.Conv2d(1, 6, 5)
        self.conv2 = nn.Conv2d(6, 16, 5)
        # 把 16×4×4 的 Tensor 转为一个 120 维的 Tensor，因为后面要通过全连接层
        self.fc1 = nn.Linear(16 * 4 * 4, 120)
        self.fc2 = nn.Linear(120, 84)
        self.fc3 = nn.Linear(84, 10)
    def forward(self, x):
```

```
        # 在 (2, 2) 的窗口上进行池化
        x = F.max_pool2d(F.relu(self.conv1(x)), (2,2))
        x = F.max_pool2d(F.relu(self.conv2(x)), 2)#(2,2) 也可以直接写成数字 2
        x = x.view(-1, self.num_flat_features(x))# 将维度转成以 batch 为第一
                                                 # 维，剩余维数相乘为第二维

        x = F.relu(self.fc1(x))
        x = F.relu(self.fc2(x))
        x = self.fc3(x)
        return x
    def num_flat_features(self, x):
        size = x.size()[1:]    # 第一维 batch 不考虑
        num_features = 1
        for s in size:
            num_features *= s
        return num_features

net = Net()
print(net)
```

输出结果如下：

```
Net(
  (conv1): Conv2d(1, 6, kernel_size=(5, 5), stride=(1, 1))
  (conv2): Conv2d(6, 16, kernel_size=(5, 5), stride=(1, 1))
  (fc1): Linear(in_features=256, out_features=120, bias=True)
  (fc2): Linear(in_features=120, out_features=84, bias=True)
  (fc3): Linear(in_features=84, out_features=10, bias=True)
)
```

　　首先把该网络取名为 Net，再继承 nn.Module 类，在初始化函数中定义了卷积和全连接。卷积利用的函数是 nn.Conv2d，它接收三个参数，即输入通道、输出通道和核大小。由于 MNIST 是黑白数据集，所以只有一个颜色的通道，如果是其他彩色数据集（如 CIFAR 或者自定义的彩色图片），则有 R、G、B 三个通道。所以最开始的输入为 1，核大小定义为 5，输出定义为 6，代表 6 个特征提取器提取出 6 份不同的特征。全连接层又叫 Full-connected Layer 或者 Dense Layer，在 PyTorch 中通过 nn.Linear 函数来实现，是一个常用来做维度转换的层，接收两个参数，即输入维度和输出维度。初始化卷积和全连接后，我们在 forward 函数中定义前向传播，当输入变量 x 时，F.max_pool2d(F.relu(self.conv1(x)), (2, 2)) 先输入第一层卷积，为了增加非线性表征，在卷积后加入一层 ReLU 层，再调用 F 中的 max_pool2d 函数定义窗口大小为 (2,2) 进行池化，得到新的 x。以此类推，将 x 输入接下来的网络结构中。

1.2.2　前向传播

　　定义完一个网络结构之后，后期我们会将所有数据按照 batch 的方式进行输入，得到对应的网

络输出，这也就是所谓的前向传播，这里取少量数据样本进行举例，代码如下：

```
image = images[:2]
label = labels[:2]
print(image.size())
print(label)
out = net(image)
print(out)
```

输出结果如下：

```
torch.Size([2, 1, 28, 28])
tensor([2,2])
tensor([[ 0.1143, -0.0623,  0.0507,  0.0703, -0.0368,  0.0845,  0.0508,
-0.1082, -0.0378,  0.0289],
        [ 0.1102, -0.0655,  0.0371,  0.0585, -0.0345,  0.0305,  0.0277,
-0.1029, -0.0249,  0.0441]], grad_fn=<AddmmBackward>)
```

取两张图片进行网络的输入，维度情况为 $2 \times 1 \times 28 \times 28$，经过定义后进行网络输出，得到维度为 10 的 tensor，每个位置上的数值代表成为该类别的概率值。可以看出，第二张图片在 0 位置的概率值最大，对应标签是数字 1，而实际的标签索引为数字 2，对应标签是数字 3，之所以有差距是因为目前网络仍没有进行训练，只是随机初始化了结构中的权重，所以输出暂时没有考虑价值。

1.2.3　计算损失

损失函数需要一对输入：模型输出和目标，用来评估输出距离目标有多远。损失用 loss 来表示，损失函数的作用就是计算神经网络每次迭代的前向计算结果与真实值之间的差距，从而指导模型下一步训练往正确的方向进行。常见的损失函数有交叉熵损失函数和均方误差损失函数。

在 PyTorch 中，nn 库模块提供了多种损失函数，常用的有以下几种：处理回归问题的 nn.MSELoss 函数，处理二分类的 nn.BCELoss 函数，处理多分类的 nn.CrossEntropyLoss 函数，由于本次 MNIST 数据集是 10 个分类，因此选择 nn.CrossEntropyLoss 函数，代码如下：

```
image = images[:2]
label = labels[:2]
out = net(image)
criterion = nn.CrossEntropyLoss()
loss = criterion(out, label)
print(loss)
```

输出为 tensor(2.2725,grad_fn=<NllLossBackward>)，表明当前两个样本通过网络输出后与实际差距仍有 2.2725，我们的训练目标就是最小化 loss 值。

1.2.4　反向传播与更新参数

当计算出一次前向传播的 loss 值之后，可进行反向传播计算梯度，以此来更新参数。在 PyTorch 中，对 loss 调用 backward 函数即可。backward 函数属于 torch.autograd 函数库，在深度学习过程中进行反向传播，计算输出变量关于输入变量的梯度。最后要做的事情就是更新神经网络的参数，最简单的规则就是随机梯度下降，公式如下：

$$weight = weight - learning\ rate \times gradient$$

当然，还有很多不同的更新规则，类似于 SGD、Nesterov-SGD、Adam、RMSProp 等，为了让这些可行，PyTorch 建立了一个 torch.optim 包，调用它可以实现上述任意一种优化器，代码如下：

```
# 创建优化器
import torch.optim as optim
optimizer = optim.SGD(net.parameters(), lr=0.01)# lr 代表学习率
criterion = nn.CrossEntropyLoss()
# 在训练过程中
image = images[:2]
label = labels[:2]
optimizer.zero_grad()    # 消除梯度
out = net(image)
loss = criterion(out, label)
loss.backward()
optimizer.step()       # 更新参数
```

在训练开始前，先定义好优化器 optim.SGD 和损失函数 nn.CrossEntropyLoss，当开始迭代进行训练时，将数据进行输入，得到的输出用来和实际标签计算 loss，对 loss 进行反向传播，最后通过优化器更新参数。其中需要对优化器进行消除梯度，因为在使用 backward 函数时，梯度是被累积而不是被替换掉的，但是在训练每个 batch（指一批数据）时不需要将两个 batch 的梯度混合起来累积，所以这里需要对每个 batch 设置一遍 zero_grad。

1.3　开始训练

为了方便后续使用模型，可以将训练过程写成一个函数，向该函数传入网络模型、损失函数、优化器等必要对象后，在 MNIST 数据集上进行训练并打印日志观察过程，代码如下：

```
def train(epoch):
    model.train() # 设置为训练模式
    running_loss = 0.0
```

```
for i, data in enumerate(train_loader):
    # 得到输入和标签
    inputs, labels = data
    # 消除梯度
    optimizer.zero_grad()
    # 前向传播、计算损失、反向传播、更新参数
    outputs = net(inputs)
    loss = criterion(outputs, labels)
    loss.backward()
    optimizer.step()
    # 打印日志
    running_loss += loss.item()
    if i % 100 == 0:      # 每100个batch打印一次
        print('[%d, %5d] loss: %.3f' %
                (epoch + 1, i + 1, running_loss / 100))
        running_loss = 0.0
```

调用 train(1) 训练一轮的结果如下，可以看出 loss 值不断下降。其中，1 表示训练 1 轮数据集。真正训练时，则可以训练多轮，比如调用 train(20) 表示训练 20 轮。

```
[2,     1] loss: 0.023
[2,   101] loss: 2.300
[2,   201] loss: 2.287
[2,   301] loss: 2.253
[2,   401] loss: 2.108
[2,   501] loss: 1.301
[2,   601] loss: 0.676
[2,   701] loss: 0.488
[2,   801] loss: 0.392
[2,   901] loss: 0.323
```

 ## 1.4 观察模型预测结果

在训练完成以后，为了检验模型的训练结果，可以在测试集上进行验证，通过不同的评估方法来评估。一个分类模型，常见的评估方法是求分类准确率，它能衡量所有类别中预测正确的个数占所有样本的比值，直观且简单，代码如下：

```
correct = 0
total = 0
with torch.no_grad():#或者model.eval()
    for data in test_loader:
        images, labels = data
        outputs = net(images)
```

```
        _, predicted = torch.max(outputs.data, 1)
        total += labels.size(0)
        correct += (predicted == labels).sum().item()
print('Accuracy of the network on the 10000 test images: %d %%' % (100
    * correct / total))
```

训练时用的是 train_loader 数据集，测试时就得用另一部分的数据集 test_loader。代码中用到 with torch.no_grad()，是为了让模型不进行梯度求导，和 model.eval() 具有相同的作用。eval 即 evaluation 模式，train 即训练模式（可以看到 1.3 节开始训练时的 model.train()），这两种模式仅仅当模型中有 Dropout 和 BatchNorm 时才会有影响。因为训练时 Dropout 和 BatchNorm 都会开启，而一般而言，测试时 Dropout 会被关闭，BatchNorm 中的参数也是利用训练时保留的参数，所以测试时应进入评估模式。通过数据输入神经网络，得到神经网络的概率输出后，我们需要取最大值对应的索引作为预测，这里用到了 torch.max 函数。该函数接收两个输入，一个是数据，另一个是表示要在哪一维度操作，很明显这里输入的是概率值及第二维的 1。返回两个输出，即最大的数值及最大值对应的索引。在这里我们并不关心数值多少，所以对该变量用 "_" 命名，这是常见的对无关变量命名的方式。将预测索引和实际索引进行对比，即可得到准确率。上述代码输出：

```
Accuracy of the network on the 10000 test images: 92 %
```

这是在所有类别上进行评估，并无法侧重看出哪个类别预测的好与坏，如果想观察每个类别的预测结果，可以使用如下代码。

```
class_correct = list(0. for i in range(10))
class_total = list(0. for i in range(10))
classes = [i for i in range(10)]
with torch.no_grad():
    for data in test_loader:
        images, labels = data
        outputs = net(images)
        _, predicted = torch.max(outputs, 1)
        c = (predicted == labels).squeeze()#squeeze() 用来压缩为 1 的维度
        for i in range(len(labels)):# 对所有 labels 逐个进行判断
            label = labels[i]
            class_correct[label] += c[i].item()
            class_total[label] += 1
for i in range(10):
    print('Accuracy of %5s : %2d %%' % (
        classes[i], 100 * class_correct[i] / class_total[i]))
```

输出结果如下：

```
Accuracy of      0 : 96 %
Accuracy of      1 : 98 %
Accuracy of      2 : 93 %
Accuracy of      3 : 92 %
```

```
Accuracy of     4 : 88 %
Accuracy of     5 : 85 %
Accuracy of     6 : 93 %
Accuracy of     7 : 93 %
Accuracy of     8 : 84 %
Accuracy of     9 : 93 %
```

可以看出每个类别各自的准确率。其中，数字 1 的准确率最高，为 98%；其次是数字 0，准确率为 96%；这些数字中最低的准确率为 84%，这也说明神经网络对该数据集的学习效果很好。

我们随机输入 6 张图并观察实际结果及模型预测结果的情况，如图 1-4 所示。

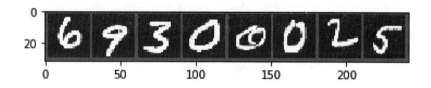

```
Ground Truth:    6 9 3 0 0 0 2 5
Predict:         6 9 3 0 0 0 6 5
```

图1-4 结果示例

 总结

本章首先介绍了 MNIST 数据集，以及利用 PyTorch 导入该数据集，接着通过搭建神经网络的步骤（定义神经网络、前向传播、计算损失、反向传播、更新参数）构建出一个简单的图像卷积网络，最后对数据集进行训练并观察模型预测效果。

第2章

ImageNet图像识别模型与CIFAR-10

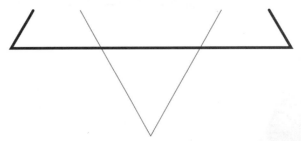

　　本章我们将带领读者了解如何处理数据，并完成一个小型的图像识别项目。首先，介绍 PyTorch 如何加载数据集，以 CIFAR-10 为例，并基于 CIFAR-10 完成一个图像分类模型；其次，介绍如何使用 GPU 加速模型训练；最后，介绍图像领域使用较为广泛的 ImageNet 数据集和一些常用的图像识别模型。

2.1 图像分类器

通常来说，当处理图像、文本、语音或者视频数据时，我们可以使用标准 Python 包将数据加载成 NumPy 数组格式，然后将这个数组转换成 torch.*Tensor。

- 对于图像，可以用 Pillow 和 OpenCV；
- 对于文本，可以直接用 Python 或 Cython 基础数据加载模块，或者用 NLTK 和 spaCy；
- 对于语音，可以用 SciPy 和 Librosa。

考虑到这一点，为了给开发者提供更加方便的加载方式，PyTorch 已经创建了一个叫作 torchvision 的包，该包含有支持加载类似 ImageNet、CIFAR-10、MNIST 等公共数据集的数据加载模块 torchvision.datasets 和支持加载图像数据的数据转换模块 torch.utils.data.DataLoader。这提供了极大的便利，并且避免了编写"模板代码"。

本节内容将使用 CIFAR-10 数据集，它包含 10 个类别：plane、car、bird、cat、deer、dog、frog、horse、ship、truck。CIFAR-10 中的图像尺寸为 $3 \times 32 \times 32$，也就是 RGB 的 3 层颜色通道，图像的宽和高都为 32。

2.1.1 CIFAR-10数据集简介

CIFAR-10 数据集共有 60 000 张 32×32 的 RGB 彩色图片，分为 10 个类别，每个类别有 6 000 张图片。其中训练集图片为 50 000 张，测试集有 10 000 张图片。训练集和测试集的生成方法是，分别从每个类别中随机挑选 1 000 张图片加入测试集，其余图片便加入训练集。与 MNIST 手写字符数据集比较来看，CIFAR-10 数据集是彩色图片，图片内容是真实世界的物体，噪声更大，物体的比例也不一样，所以在识别上比 MNIST 困难很多。CIFAR-10 数据集样例如图 2-1 所示。

图2-1　CIFAR-10数据集样例

训练分类器的步骤如下：

（1）使用视觉工具包 torchvision 加载并且归一化 CIFAR-10 的训练和测试数据集；

（2）定义一个卷积神经网络；

（3）定义一个损失函数；

（4）在训练样本数据上训练神经网络；

（5）在测试样本数据上测试神经网络。

2.1.2　加载数据集

在加载 CIFAR-10 数据集时，推荐使用 PyTorch 提供的视觉工具包 torchvision。torchvision 可以加载许多视觉数据集，在加载时就完成了归一化的操作。使用 torchvision 包可以非常方便地构建出 DataLoader 对象。代码如下：

```
import torch
import torchvision
import torchvision.transforms as transforms
```

使用 torchvision，数据集的输出是范围为 [0,1] 的 PILImage，我们将它们转换成归一化范围为 [-1,1] 的张量。加载数据集的代码如下：

```
transform = transforms.Compose(
    [transforms.ToTensor(),
     transforms.Normalize((0.5, 0.5, 0.5), (0.5, 0.5, 0.5))])

trainset = torchvision.datasets.CIFAR-10(root='./data', train=True,
                                download=True, transform=transform)
trainloader = torch.utils.data.DataLoader(trainset, batch_size=4,
                                shuffle=True, num_workers=2)

testset = torchvision.datasets.CIFAR-10(root='./data', train=False,
                                download=True, transform=transform)
testloader = torch.utils.data.DataLoader(testset, batch_size=4,
                                shuffle=False, num_workers=2)

classes = ('plane', 'car', 'bird', 'cat',
           'deer', 'dog', 'frog', 'horse', 'ship', 'truck')
```

输出结果如下：

```
Downloading https://www.cs.toronto.edu/~kriz/cifar-10-python.tar.gz to
./data/cifar
-10-python.tar.gz
Files already downloaded and verified
```

如果是第一次下载数据集，则会出现进度条。数据集下载完毕后，我们来展示一些训练图片，代码如下：

```
import matplotlib.pyplot as plt
import numpy as np

# 展示图片

def imshow(img):
    img = img / 2 + 0.5        # 逆归一化
    npimg = img.numpy()
    plt.imshow(np.transpose(npimg, (1, 2, 0)))
    plt.show()

# 随机获取一些训练图片
dataiter = iter(trainloader)
images, labels = dataiter.next()

imshow(torchvision.utils.make_grid(images))
print(''.join('%5s' % classes[labels[j]] for j in range(4)))
```

输出结果如图 2-2 所示，代码如下：

```
bird   ship   bird  plane
```

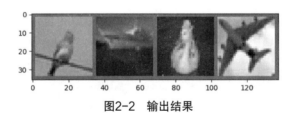

图2-2　输出结果

2.1.3　定义卷积神经网络

复制 1.2.1 节神经网络模块相关的代码，并修改它为三通道的图片（在此之前它被定义为单通道），代码如下：

```
import torch.nn as nn
import torch.nn.functional as F

class Net(nn.Module):
    def __init__(self):
        super(Net, self).__init__()
        # 输入图片为三通道，输出为六通道，卷积核大小为5×5
        self.conv1 = nn.Conv2d(3, 6, 5)
        self.pool = nn.MaxPool2d(2, 2)
```

```
        self.conv2 = nn.Conv2d(6, 16, 5)
        self.fc1 = nn.Linear(16 * 5 * 5, 120)
        self.fc2 = nn.Linear(120, 84)
        self.fc3 = nn.Linear(84, 10)

    def forward(self, x):
        x = self.pool(F.relu(self.conv1(x)))
        x = self.pool(F.relu(self.conv2(x)))
        x = x.view(-1, 16 * 5 * 5)
        x = F.relu(self.fc1(x))
        x = F.relu(self.fc2(x))
        x = self.fc3(x)
        return x

net = Net()
```

将 nn.Conv2d 的第一个参数从 1 改成 3，这个卷积模块就支持输入三通道的图片，之后就和第 1 章所使用的模型结构一样了。需要注意的是，这里展示了 pooling 的另外一种使用方法，把 Max Pooling 操作定义成一个网络模块，而不像第 1 章那样调用函数完成 pooling 操作。但两者的实现效果是一样的。

2.1.4　定义损失函数和优化器

使用分类交叉熵（CrossEntropy）作为损失函数，支持动量的 SGD 作为优化器，代码如下：

```
import torch.optim as optim

criterion = nn.CrossEntropyLoss()
optimizer = optim.SGD(net.parameters(), lr=0.001, momentum=0.9)
```

这里设置动量为 0.9，这也是深度学习中最常用的参数。

2.1.5　训练网络

我们只需要在数据迭代器上循环传给网络和优化器的输入就可以，训练模型代码如下：

```
for epoch in range(2):  # 在数据集上迭代

    running_loss = 0.0
    for i, data in enumerate(trainloader, 0):
        # 获取输入
        inputs, labels = data

        # 清零权重的梯度
        optimizer.zero_grad()
```

```
    # 前向传播 计算损失 反向传播 更新参数
    outputs = net(inputs)
    loss = criterion(outputs, labels)
    loss.backward()
    optimizer.step()

    # 打印统计信息
    running_loss += loss.item()
    if i % 2000 == 1999:      # 每 2000 个 batch 打印一次
        print('[%d, %5d] loss: %.3f' %
              (epoch + 1, i + 1, running_loss / 2000))
        running_loss = 0.0

print('Finished Training')
```

输出结果如下：

```
[1,  2000] loss: 2.187
[1,  4000] loss: 1.852
[1,  6000] loss: 1.672
[1,  8000] loss: 1.566
[1, 10000] loss: 1.490
[1, 12000] loss: 1.461
[2,  2000] loss: 1.389
[2,  4000] loss: 1.364
[2,  6000] loss: 1.343
[2,  8000] loss: 1.318
[2, 10000] loss: 1.282
[2, 12000] loss: 1.286
Finished Training
```

2.1.6 使用测试集评估

我们已经通过训练数据集对网络进行了两次训练，即两个 epoch。现在我们来检查一下，这个网络模型是否已经学到了东西。我们将用神经网络的输出作为预测的类别来检查网络的预测性能，用样本的真实类别来校对。如果预测是正确的，我们将样本添加到正确预测的列表里。下面使用 2.1.2 节中定义的函数，从测试集中选一些图片，如图 2-3 所示。

图2-3 从测试集中选出的图片

输出结果如下：

```
GroundTruth:    cat   ship   ship plane
```

现在让我们看看，训练好的网络模型认为这些样本应该能预测出什么。神经网络模型的最后一层是一个全连接层，输出的是预测的与 10 个类别的近似程度，值越大则表示与某一个类别的近似程度越高，网络就越认为图像属于这个类别。打印其中最相似类别的代码如下：

```
_, predicted = torch.max(outputs, 1)

print('Predicted: ', ' '.join('%5s' % classes[predicted[j]]
                                for j in range(4)))
```

输出结果如下：

```
Predicted:    cat   ship   car   ship
```

从结果来看，效果非常好，接下来对测试集中的每一张图片都进行预测，并且计算整体的准确率。代码如下：

```
correct = 0
total = 0
with torch.no_grad():
    for data in testloader:
        images, labels = data
        outputs = net(images)
        _, predicted = torch.max(outputs.data, 1)
        total += labels.size(0)
        correct += (predicted == labels).sum().item()

print('Accuracy of the network on the 10000 test images: %d %%' % (
    100 * correct / total))
```

输出结果如下：

```
Accuracy of the network on the 10000 test images: 54 %
```

如果模型全预测为一个类别，那么准确率应该是 10% 左右，而我们的训练（两个 epoch）得到的模型，准确率为 54%。这说明神经网络还是学到了一些东西。为了进行精细化分析，下面看看模型在每一个类别上的准确率。代码如下：

```
class_correct = list(0. for i in range(10))
class_total = list(0. for i in range(10))
with torch.no_grad():
    for data in testloader:
        images, labels = data
        outputs = net(images)
        _, predicted = torch.max(outputs, 1)
```

```
        c = (predicted == labels).squeeze()
        for i in range(4):
            label = labels[i]
            class_correct[label] += c[i].item()
            class_total[label] += 1


for i in range(10):
    print('Accuracy of %5s : %2d %%' % (
        classes[i], 100 * class_correct[i] / class_total[i]))
```

输出结果如下：

```
Accuracy of plane : 57 %
Accuracy of   car : 73 %
Accuracy of  bird : 49 %
Accuracy of   cat : 54 %
Accuracy of  deer : 18 %
Accuracy of   dog : 20 %
Accuracy of  frog : 58 %
Accuracy of horse : 74 %
Accuracy of  ship : 70 %
Accuracy of truck : 66 %
```

从输出可以清晰地看到每个类别的准确率，其中准确率比较高的是 horse，其准确率为 74%；其次是 car，准确率为 73%；准确率较低的是 deer，准确率为 18%；dog 的准确率为 20%。如果想提高准确率，可以多训练几个 epoch。

2.1.7 使用GPU加速

在 PyTorch 中，如何将模型运行在 GPU（图形处理器）上呢？就像把 Tensor 转移到 GPU 上一样，我们只需要把神经网络模块也转移到 GPU 上即可。具体做法是，如果 GPU 能用，表示 CUDA（一种并行计算机平台和编程模型，它通过利用图形处理器 GPU 的处理能力，可大幅提升计算性能）可用，则取得 CUDA 的设备标识。

```
device = torch.device("cuda:0" if torch.cuda.is_available() else "cpu")
# 假设我们在一个 CUDA 正常使用的机器上，那么输出为
print(device)
```

输出结果如下：

```
cuda:0
```

接着使用下面的命令将神经网络模块移到 CUDA 设备上，方法 to 会递归遍历网络中的所有模块，并将它们的参数（parameters）和缓存（buffers）转换为 CUDA 张量。

```
net.to(device)
```

需要注意的是，当神经网络移到 CUDA 设备后，输入到网络中的张量也需要先移到 CUDA 设备上。因为 PyTorch 只能在同一个设备上做矩阵操作。

```
inputs, labels = inputs.to(device), labels.to(device)
```

不过对于本节所定义的网络，因为其太小，所以使用 GPU 加速的效果可能不太明显。

2.2 ImageNet和图像识别模型

ImageNet 数据集是计算机视觉领域使用最广泛的数据集，基于这个数据集诞生了很多优秀的图像识别模型，推动了计算机视觉的发展。

2.2.1 ImageNet

ImageNet 是一个大型图像数据集，用于扩展和改进可用于训练 AI 算法的数据。ImageNet 包含了 1400 多万张带有标注信息的图片，比如，图片的类别，图片中目标的边界框。对比 CIFAR-10 数据集，ImageNet 数据集的图片数量更多，分辨率也更高，包含了 2 万多个类别，几乎涵盖了生活中大部分物体，常见的如气球、草莓等，每个类别包含了数百张图片。因为这些特点，从 2010 年到 2017 年，ImageNet 项目每年都会举办一次大型的计算机视觉挑战赛 ILSVRC（ImageNet Large Scale Visual Recognition Challenge），研究团队需要在给定的数据集上评估他们的算法，并在几项视觉识别任务上争夺更高的准确率。ILSVRC 极大地推动了计算机视觉领域的研究和发展，对深度学习也有着极为深远的影响。

2.2.2 基于 ImageNet 的图像识别模型

AlexNet 是 2012 年 ImageNet 挑战赛的冠军模型，第一作者是 Alex，所以命名为 AlexNet。从图 2-4 中可以看出，AlexNet 可以分为上下两个部分，经过卷积得到特征图（feature map）后，模型分别经过上下两个子网络进行计算。总共有五个卷积层，分别是 1 个 11×11、1 个 5×5、3 个 3×3 卷积，部分卷积层后面使用了池化层，最后经过 3 个全连接层。AlexNet 的贡献非常大，主要在于它的网络很深，证明了卷积神经网络（CNN）在复杂模型里也很有效，并且使用 GPU 训练这一复杂的模型是可以把时间控制在人类可接受范围内的，此外还使用了 Dropout 等技术。AlexNet 模型极大地推动了深度学习的发展，让人们看到了深度学习的希望。

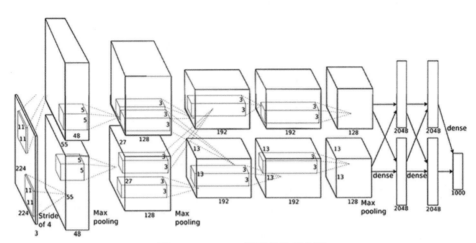

图2-4　AlexNet 模型结构示意图

　　在 2014 年的 ImageNet 挑战赛上，VGGNet 深度学习网络成为人们关注的热点，因为它将 AlexNet 模型的错误率减少了一半以上。从图 2-4 中也可以看出，VGGNet 学习网络的特点是连续的卷积层特别多。这里简单解释一下图 2-5 所示的表格含义。比如，conv3-64 是指使用了 3×3 的卷积，通道数为 64。同理，conv1-256 的含义是 1×1 的卷积，通道数是 256。

ConvNet Configuration					
A	A-LRN	B	C	D	E
11 weight layers	11 weight layers	13 weight layers	16 weight layers	16 weight layers	19 weight layers
input (224 × 224 RGB image)					
conv3-64	conv3-64	conv3-64	conv3-64	conv3-64	conv3-64
	LRN	**conv3-64**	conv3-64	conv3-64	conv3-64
maxpool					
conv3-128	conv3-128	conv3-128	conv3-128	conv3-128	conv3-128
		conv3-128	conv3-128	conv3-128	conv3-128
maxpool					
conv3-256	conv3-256	conv3-256	conv3-256	conv3-256	conv3-256
conv3-256	conv3-256	conv3-256	conv3-256	conv3-256	conv3-256
			conv1-256	**conv3-256**	conv3-256
					conv3-256
maxpool					
conv3-512	conv3-512	conv3-512	conv3-512	conv3-512	conv3-512
conv3-512	conv3-512	conv3-512	conv3-512	conv3-512	conv3-512
			conv1-512	**conv3-512**	conv3-512
					conv3-512
maxpool					
conv3-512	conv3-512	conv3-512	conv3-512	conv3-512	conv3-512
conv3-512	conv3-512	conv3-512	conv3-512	conv3-512	conv3-512
			conv1-512	**conv3-512**	conv3-512
					conv3-512
maxpool					
FC-4096					
FC-4096					
FC-1000					
soft-max					

图2-5　VGGNet 结构示意图

　　时间来到 2015 年，深度残差网络（Deep Residual Network，ResNet）赢得了 ImageNet 挑战赛的冠军。这个模型比以往的所有模型都要深，它可以训练 100 层，甚至 1000 层，错误率是 VGGNet 的一半左右，VGGNet 的错误率为 7%，ResNet 的错误率为 3.57%，并且 ResNet 的正确率首次超过了人类。在梯度反向传播的过程中，随着网络层增多，从最后一层反传到前面网络层的梯度会越来越小，所以网络层越多，模型越不好训练，而深度残差网络打破了这一魔咒。深度残差网络通过使用跳过连接（skip connection）使得梯度可以无损地向后传播，这样就可以训练深层模型了，如图 2-6 所示。

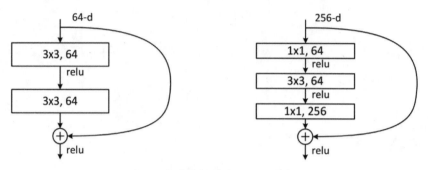

图2-6　ResNet的残差连接

 总结

本章从一个图像分类器入手，首先，基于 CIFAR-10 数据集介绍了如何使用 PyTorch 处理数据；其次，介绍了如何使用 GPU 来加快模型的训练速度，完整地完成了一个图像分类项目；最后，介绍了计算机视觉领域使用较广泛的 ImageNet 数据集，以及三个在 ImageNet 挑战赛中一战成名的深度学习网络模型。直至今日，我们也能在新推出的模型中看到它们的影子，可见它们对这个领域产生了深远的影响。

第 3 章

从零构建图像分类模型

本章着重介绍如何使用 PyTorch 在自己收集的图像数据集上训练深度学习模型，主要方法是使用视觉工具包 torchvision 中提供的在 ImageNet 上预训练好的图像分类模型，分别介绍以微调的方式和将其作为特征提取器的方式来构建自己的深度学习模型。

预训练模型原理

在深度学习的实际应用中，很少会从头开始去训练一个学习网络，尤其是在没有大量数据的时候。即便拥有大量数据，从头开始训练一个网络也很耗时。因为在大数据集上所构建的网络通常模型参数量很大，训练成本也高，所以在构建深度学习应用时，通常会使用预训练模型。要了解预训练模型的原理，首先需要理解 PyTorch 是如何保存和加载模型的，下面介绍状态字典。

3.1.1 状态字典

状态字典的本质是一个 Python 字典对象，通过调用模型的 state_dict 方法可以获取模型的状态字典。状态字典内部保存的是模型中的有名参数（named parameter），通常可以理解为模型中的参数，这不包括类的普通属性。

以下代码演示了如何使用状态字典来保存和加载网络模块。

```
model.eval()
# 打印保存前模型的预测值
with torch.no_grad():
    print(model(x).reshape(-1)[:5])

# 保存模型。保存状态字典到磁盘
torch.save(model.state_dict(), 'model.pth')

# 加载模型。从磁盘加载状态字典
state_dict = torch.load('model.pth')
saved_model = MyFNN(D_in, D_out, H) # 手动创建网络
saved_model.eval() # 将 Dropout、Batch Normalization 层设置为评估状态

# 将状态字典应用到网络模块，并打印加载后模型的预测值
saved_model.load_state_dict(state_dict)
with torch.no_grad():
    print(saved_model(x).reshape(-1)[:5])
```

输出结果如下：

```
tensor([ 0.1000, -0.1725,  0.0879, -0.1541,  0.0922])
tensor([ 0.1000, -0.1725,  0.0879, -0.1541,  0.0922])
```

从输出可以看到，加载的模型与原模型的权重是一样的。在将状态字典保存到磁盘后，加载时需要手动创建网络的实例，再调用类的实例方法 load_state_dict() 来将状态字典里的权重设置到该实例内部。该方法会将实例 parameters 函数得到的参数列表与状态字典按照参数名称进行设置，如果参数列表不一致，则会抛出异常。

将 load_state_dict() 的 strict 参数设置为 False，可以跳过严格校验参数列表这一过程，这样可

以使模型加载状态字典里的部分参数。需要注意的是，在加载模型后，须调用模型的 eval 方法使模型处于评估状态，否则会得到错误的预测结果。

3.1.2 通过设备保存

加载状态字典时，张量所在设备的问题如下。

（1）当调用 load 函数加载状态字典时，默认会将该张量加载到保存时所在的设备上。

（2）当调用 load_state_dict 函数将状态字典的张量设置到模型时，模型的权重所在的设备取决于模型本身所在的设备。

下述代码演示了保存和加载状态字典的这一过程。

```
SAVE_PATH = './model.pth'
device = torch.device('cpu') # 选择保存设备

# 保存状态字典
net = MyFNN(D_in, D_out, H)
net = net.to(device) # 把模型移到指定设备上
sd = net.state_dict()
print('Save state dict device = %s' % (sd['fc1.weight'].device))
torch.save(net.state_dict(), SAVE_PATH)

# 加载状态字典
sd = torch.load(SAVE_PATH)
# sd = torch.load(SAVE_PATH, map_location='cpu') # 强制加载到 CPU
print('Loaded state dict device = %s' % (sd['fc1.weight'].device))
```

输出结果如下：

```
Save state dict device = cpu
Loaded state dict device = cpu
```

从输出结果可以看到，保存之前，状态字典在 CPU 上，加载后状态字典也在 CPU 上。若将 device 设置为 torch.device ('cuda:0')，则状态字典会保存在 cuda:0 上。若加载时无 GPU，则会抛出异常，提示找不到 cuda:0 设备。此时，可以通过设置 load 的 map_location 参数为 cpu，来将状态字典加载到 CPU 上，避免程序报错。

3.2 加载ImageNet预训练模型

在 torchvision.models 包中定义了许多模型用于完成许多图像方面的深度学习任务，包括图像分类、语义分割（semantic segmentation）、目标检测（object detection）、实例分割（instance segmentation）、人物关键点检测（person keypoint detection）和视频分类。例如，下述模型可以用于图像分类。

```
# torchvision 中可用的预训练模型
import torchvision.models as models
resnet18 = models.resnet18()
alexnet = models.alexnet()
vgg16 = models.vgg16()
squeezenet = models.squeezenet1_0()
densenet = models.densenet161()
inception = models.inception_v3()
googlenet = models.googlenet()
shufflenet = models.shufflenet_v2_x1_0()
mobilenet = models.mobilenet_v2()
resnext50_32x4d = models.resnext50_32x4d()
wide_resnet50_2 = models.wide_resnet50_2()
mnasnet = models.mnasnet1_0()
```

同时，当传入 pretrained=True 参数时，模型会从网络上下载状态字典并保存到本地磁盘，最终加载状态字典得到预训练的模型。

```
resnet18 = models.resnet18(pretrained=True)
```

上述代码将得到 ResNet18 在 ImageNet 数据集上的预训练模型。通过 print 函数可以查看到 ResNet18 的内部结构。为了方便展示，此处省略网络模块的具体参数，可以看到内部结构如下，其对应的网络结构如图 3-1 所示。

```
ResNet(
  (conv1): Conv2d(...)
  (bn1): BatchNorm2d(...)
  (relu): ReLU(inplace=True)
  (maxpool): MaxPool2d(...)
  (layer1): Sequential((0): BasicBlock(...)  (1): BasicBlock(...))
  (layer2): Sequential((0): BasicBlock(...)  (1): BasicBlock(...))
  (layer3): Sequential((0): BasicBlock(...)  (1): BasicBlock(...))
  (layer4): Sequential((0): BasicBlock(...)  (1): BasicBlock(...))
  (avgpool): AdaptiveAvgPool2d(output_size=(1, 1))
  (fc): Linear(in_features=512, out_features=1000, bias=True)
)
```

其中，最后一层（名称为 fc）为全连接层，所以模型最终输出 1000 维的张量。layer1 ~ layer4 都由两个 BasicBlock 构成。同一层的 Block 参数一样，不同层的 Block 参数不一样，虽然参数不同，但 BasicBlock 的结构都一样，其结构如图 3-2 所示。

```
BasicBlock(
    (conv1): Conv2d(...)
```

```
(bn1): BatchNorm2d(...)
(relu): ReLU(inplace=True)
(conv2): Conv2d(...)
(bn2): BatchNorm2d(...)
(downsample): Sequential((0): Conv2d(...)(1): BatchNorm2d(...))
)
```

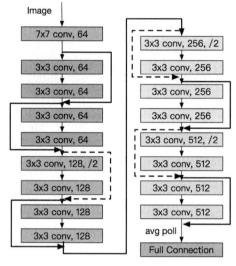

图3-1　ResNet18 结构示意图

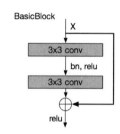

图3-2　BasicBlock结构

　　迁移学习的基本假设是，某个用于完成在数据集 D（ImageNet）上的任务 T（图像分类）的模型 A（ResNet18）在完成训练后，该模型在相似任务上的表现比随机初始化的模型要强。就像数学学得好的人，物理通常也好，因为数学和物理有很多相似之处。

3.3　准备数据

　　本节介绍一个小型图像分类数据集及构建模型的训练步骤。该数据集为 hymenoptera，是 ImageNet 数据集中一个非常小的子集，只有两个类别，即蚂蚁和蜜蜂。如果从零开始训练模型，因为数据集太小，所以模型的泛化性能会很差。下载后，hymenoptera 数据集的目录结构如下：

```
hymenoptera_data
├── train
│   ├── ants # 124 张图片
│   └── bees # 121 张图片
└── val
    ├── ants # 70 张图片
```

```
      └── bees # 83 张图片
6 directories, 398 files
```

3.3.1　加载数据集

为了可以使用 DataLoader 数据加载器加载数据集，首先需要封装该数据集。可以使用 torchvision.datasets.ImageFolder 类快速封装上述目录结构的数据集，该类的声明如下：

```
torchvision.datasets.ImageFolder(root, transform=None, target_transform=
None, loader=<function default_loader>, is_valid_file=None)
```

其中，参数 root 为数据集路径，root 的子目录名称将作为图片分类中的一个类别，子目录下的图片会作为该类别的图片。由于数据集有两个部分（phase），所以要分别加载 train 和 val 部分，可以通过下述代码加载该数据集。

```
# 在训练集上：扩充、归一化
# 在验证集上：归一化
data_transforms = {
    'train': transforms.Compose([
        transforms.RandomResizedCrop(224), # 随机裁剪一个区域，然后再调整大小
        transforms.RandomHorizontalFlip(), # 随机水平翻转
        transforms.ToTensor(),
        transforms.Normalize([0.485, 0.456, 0.406], [0.229, 0.224, 0.225])
    ]),
    'val': transforms.Compose([
        transforms.Resize(256),
        transforms.CenterCrop(224),
        transforms.ToTensor(),
        transforms.Normalize([0.485, 0.456, 0.406], [0.229, 0.224,
                            0.225])
    ]),
}
data_dir = 'data/hymenoptera_data'
image_datasets = {p: datasets.ImageFolder(os.path.join(data_dir, p),
                data_transforms[p])
        for p in ['train', 'val']}
print(image_datasets['train'].classes) # 输出：['ants', 'bees']
```

数据集中的图片大小各不一致，而 ResNet18 中要求图片大小一样，所以要对图片进行裁剪。同时 ResNet18 模型在训练时对图片进行了归一化处理，所以也需要对数据集做相同的处理。借助 torchvision.transforms 包提供的数据变换器可以完成这些操作。

3.3.2　使用matplotlib可视化数据

为了观察到扩充后的数据情况，需要借助 matplotlib 来打印图片和图片的类别。编写一个 imshow 函数，它接收一个 batch 的图片，并按从左到右的顺序展示图片的类别。

由于一个 batch 的图片是保存在一个 tensor 里的，从 3.3.1 节的 transforms 定义中我们可以发现，一张维度是 [H,W,C]、值范围是 [0, 255] 的图片，先经过了 ToTensor 转换成维度是 [C,H,W]、值范围是 [0, 1] 的 Tensor，再经过 Normalize 完成归一化。matplotlib 需要的各维度含义是 [H,W,C]，且不需要归一化。因此，需要对 Tensor 做一个反向操作才能使用 matplotlib 正确地展示图片。

```
def imshow(inp, title=None):
    # 可视化一组 Tensor 的图片
    inp = inp.numpy().transpose((1, 2, 0))
    mean = np.array([0.485, 0.456, 0.406])
    std = np.array([0.229, 0.224, 0.225])
    inp = std * inp + mean
    inp = np.clip(inp, 0, 1)
    plt.imshow(inp)
    if title is not None:
        plt.title(title)
    plt.pause(0.001)  # 暂停一会儿，为了将图片显示出来

# 获取一批训练数据
inputs, classes = next(iter(dataloaders['train']))
# 批量制作网格
out = torchvision.utils.make_grid(inputs)
imshow(out, title=[class_names[x] for x in classes])
```

输出结果如图 3-3 所示。

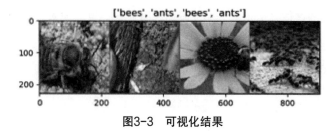

图3-3　可视化结果

 ## 3.4　开始训练

为了方便后续使用预训练模型，可以将训练过程写成一个函数，向该函数中传入网络模型、

损失函数等必要对象后，在该数据集上训练模型并返回在验证集上最高的准确率和对应的模型对象。下述代码是该函数的声明部分。

```
def train_model(model, criterion, optimizer, scheduler, num_epochs=25):

    """ 训练模型，并返回在验证集上的最佳模型和准确率
    Args:
    - model(nn.Module): 要训练的模型
    - criterion: 损失函数
    - optimizer(optim.Optimizer): 优化器
    - scheduler: 学习率调度器
    - num_epochs(int): 最大 epoch 数
    Return:
    - model(nn.Module): 最佳模型
    - best_acc(float): 最佳准确率
    """
```

函数的核心部分是结合优化器、自动求导机制，使得整个训练过程简洁、可读性高。训练集和验证集交替进行前向传播，并且在训练集上进行反向传播和梯度下降来更新权重。

```
for phase in ['train', 'val']: # 训练集和验证集交替进行前向传播
for inputs, labels in dataloaders[phase]:
    inputs, labels = inputs.to(device), labels.to(device)
    with torch.set_grad_enabled(phase == 'train'):
     outputs = model(inputs) # 前向传播
     _, preds = torch.max(outputs, 1)
     loss = criterion(outputs, labels)
     if phase == 'train': # 反向传播且仅在训练阶段进行优化
        optimizer.zero_grad() # 梯度置 0
        loss.backward()
        optimizer.step() # 反向传播
```

一个分类模型常用的评估方法是求分类准确率，下述代码可以插入 train_model 函数的循环里，以便在训练的时候评估每一轮训练结果的准确率。

```
for phase in ['train', 'val']: # 训练集和验证集交替进行前向传播
for inputs, labels in dataloaders[phase]:
        ...
running_loss += loss.item() * inputs.size(0)
running_corrects += torch.sum(preds == labels.data)
epoch_loss = running_loss / dataset_sizes[phase]
epoch_acc = running_corrects.double() / dataset_sizes[phase]
```

3.5 使用torchvision微调模型

微调是指在创建模型时，使用预训练的模型来初始化网络，而非随机初始化网络，并且权重可以随着训练的进行而发生改变。若将预训练模型用于微调，则需要做以下三个操作。

（1）替换输出层。将 ResNet18 的最后一个全连接层（输出 1000 维）替换为新的全连接层（输出 2 维）。

（2）训练输出层。新的输出层会将前面的层所提取出的低级特征映射到我们所期望的类别的概率。

（3）训练输出层之前的层。也就是将这些层的权重标记为需要求导。

下述代码演示了以微调的方式来使用预训练的 RestNet18 模型。

```
model = models.resnet18(pretrained=True) # 加载预训练模型
num_ftrs = model.fc.in_features # 获取低级特征维度
model.fc = nn.Linear(num_ftrs, 2) # 替换新的输出层
model = model.to(device)
# 交叉熵作为损失函数
criterion = nn.CrossEntropyLoss()
# 所有参数都参加训练
optimizer = optim.SGD(model.parameters(), lr=0.001, momentum=0.9)
# 每过 7 个 epoch 将学习率变为原来的 0.1
scheduler = optim.lr_scheduler.StepLR(optimizer_ft, step_size=7, gamma=0.1)
model_ft, _ = train_model(model, criterion, optimizer,
                scheduler, num_epochs=25) # 开始训练
```

输出结果如下：

```
Epoch 0/24   train Loss: 0.7032 Acc: 0.6025      val Loss: 0.1698 Acc: 0.9412
Epoch 1/24   train Loss: 0.6411 Acc: 0.7787      val Loss: 0.1981 Acc: 0.9281
...
Epoch 24/24  train Loss: 0.2812 Acc: 0.8730      val Loss: 0.2647 Acc: 0.9150

Training complete in 1m 7s
Best val Acc: 0.941176
```

 3.6 观察模型预测结果

使用 3.3.2 节编写的 imshow() 函数可以查看 DataLoader 打包的一个 batch 的图片，为了查看模型效果，下述代码实现了传入模型，并且可视化模型的预测结果。

```
def visualize_model(model, num_images=6):
```

```
""" 查看模型的预测结果，从 dataloaders['val'] 随机取 `num_images` 张。这是一个通用函数
Args:
  - model(nn.Module)：要查看的模型
  - num_images(int)：图片数量
"""

    was_training = model.training  # 记住之前的训练模式
    model.eval()  # 一定要进入评估模式
    images_so_far = 0
    fig = plt.figure()

    with torch.no_grad():
        for i, (inputs, labels) in enumerate(dataloaders['val']):
            inputs = inputs.to(device)
            labels = labels.to(device)

            outputs = model(inputs)
            _, preds = torch.max(outputs, 1)

            for j in range(inputs.size()[0]):
                images_so_far += 1
                ax = plt.subplot(num_images//2, 2, images_so_far)
                ax.axis('off')
                ax.set_title('predicted: {}'.format(class_names [preds[j]]))
                imshow(inputs.cpu().data[j])  # 调用 imshow 函数，不写重复代码

                if images_so_far == num_images:
                    model.train(mode=was_training)
                    return
    model.train(mode=was_training)  # 恢复模型本来的训练模式
```

接着调用 visualize_model() 函数来可视化微调后模型的预测情况，代码如下：

```
visualize_model(model_ft)
```

输出结果如图 3-4 所示。

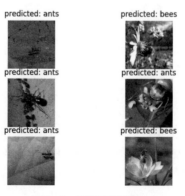

图3-4　微调预测结果

3.7 固定模型的参数

微调预训练模型，需要修改模型的内部结构，使其符合具体任务。模型所用框架不一样，在将其他框架编写的模型迁移到 PyTorch 中时，无法使它们兼容。此时可以采取 Pipeline 形式将预训练模型的参数固定，或者说将前一个模型的输出保存下来，将该输出作为 PyTorch 模型的输入。

采取这种思路，我们可以将模型除了输出层之外的所有层看成一个特征提取器。在训练模型时，这些层的权重不参与训练，不可优化。在 PyTorch 中将权重设置为不可训练，只需将 requires_grad 设置为 False 即可。例如，下面的代码可以将 ResNet18 的所有层设置为不可训练。

```
model = models.resnet18(pretrained=True)  # 加载预训练模型
for param in model.parameters():  # 锁定模型所有参数
param.requires_grad = False
num_ftrs = model.fc.in_features  # 获取低级特征维度
model.fc = nn.Linear(num_ftrs, 2)  # 替换新的输出层
model = model.to(device)
# 交叉熵作为损失函数
criterion = nn.CrossEntropyLoss()
# 所有参数都参加训练
optimizer_conv = optim.SGD(model.parameters(), lr=0.001, momentum=0.9)
# 每过 7 个 epoch 将学习率变为原来的 0.1
scheduler = optim.lr_scheduler.StepLR(optimizer_ft, step_size=7,
                                      gamma=0.1)
model_conv, _ = train_model(model, criterion, optimizer_conv,
                            scheduler, num_epochs=25)  # 开始训练
```

接着将输出层替换成新的全连接层，再调用 train_model() 函数训练模型即可，此时输出如下：

```
Epoch 0/24    train Loss: 0.6400 Acc: 0.6434        val Loss: 0.2539
Acc: 0.9085
...
Epoch 23/24   train Loss: 0.2988 Acc: 0.8607        val Loss: 0.2151
Acc: 0.9412
Epoch 24/24   train Loss: 0.3519 Acc: 0.8484        val Loss: 0.2045
Acc: 0.9412

Training complete in 0m 35s
Best val Acc: 0.954248
```

接着调用 visualize_model() 函数来可视化作为特征提取器的模型的预测情况，代码如下：

```
visualize_model(model_conv)
```

输出结果如图 3-5 所示。

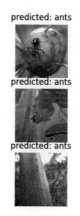

图3-5　特征提取器预测结果

上述两种使用方式，预训练模型作为特征提取器最终的准确率要稍高一点，这说明预训练模型本身具备很强的特征提取能力。因为只需训练输出层的权重，所以耗时也比微调要少很多。在深度学习实际应用中，微调还是预训练模型的主流使用方式，但也不妨两者都试试。

3.8　使用tensorbord可视化训练情况

为了更好地观察模型的训练情况，可以在 PyTorch 中使用 tensorbord 来查看模型在训练过程中，训练集和验证集上的损失值、准确率的变化情况。只需要将下述代码插入到训练过程中即可。

```python
from torch.utils.tensorboard import SummaryWriter # 导入必要的包
writer = SummaryWriter() # 创建用于打印的类
ep_losses, ep_acces = [], []
for epoch in range(num_epochs):
    for phase in ['train', 'val']: # 训练集和验证集交替进行前向传播
        for inputs, labels in dataloaders[phase]:
            ...
            running_loss += loss.item() * inputs.size(0)
            running_corrects += torch.sum(preds == labels.data)
        # 统计本次 epoch 内的损失值和准确率
        epoch_loss = running_loss / dataset_sizes[phase]
        epoch_acc = running_corrects.double() / dataset_sizes[phase]
        ep_losses.append(epoch_loss)
        ep_acces.append(epoch_acc.item())

    # 打印本次 epoch 的训练、验证损失值和准确率
    writer.add_scalars('loss', {
        'train':ep_losses[-2],
        'val':ep_losses[-1],
```

```
    }, global_step=epoch)
    writer.add_scalars('acc', {
        'train': ep_acces[-2],
        'val': ep_acces[-1],
    }, global_step=epoch)
writer.close()  # 一定要记得关闭
```

将上述代码插入到训练过程中后，在 notebook 所在文件夹内会出现一个名为 runs（日志文件默认保存的位置）的文件夹，接着在 notebook 中运行下述代码即可启动 tensorbord。

```
!tensorboard --logdir runs
```

上述代码会启动 Web 服务器，用户可以通过打开浏览器进行查看，端口在输出中可以找到，一般为 6000 端口，通过网址 http://localhost:6000 即可访问。图 3-6 是设置 epoch 为 100 时准确率的变化趋势，图 3-7 为损失值变化趋势。在图 3-6 中，训练集准确率要高于验证集，这是因为预训练模型的特征提取能力太强，所以在训练模式下开启 BatchNorm、Dropout 等模块时，表达能力要差一些。同理，在图 3-7 中，模型在训练集上的损失值要高于验证集。

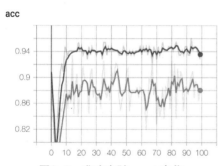

图3-6 准确率随epoch变化

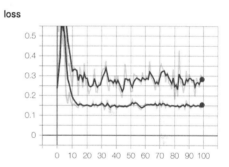

图3-7 损失值随epoch变化

  总结

本章首先介绍了预训练模型的基本原理，以及在 PyTorch 中如何使用预训练模型，接着介绍了如何使用视觉工具包 torchvision 微调预训练模型，以及几个主要的步骤（如准备数据、训练模型）等。如果读者需要在自己的数据集上训练，可以选择从 3.3 节开始，将数据集替换成自己的数据集，修改少量代码，即可打造属于自己的图像分类模型。

第 4 章

文本生成

从本章起，将开始学习循环神经网络（Recurrent Neural Network, RNN），以及相关的项目。这一章中首先介绍 RNN 经典的结构，接着在 PyTorch 中使用经典的 RNN 结构实现一个有趣的项目——字符级 RNN，可以实现对文本的字符级概率进行建模，从而生成特定语言的文本。

RNN原理及其结构

RNN，即循环神经网络，它是一种对序列型数据进行建模的深度模型，指随着时间的推移，重复发生的结构。在自然语言处理（Natural Language Processing, NLP）、语音图像等多个领域均有非常广泛的应用。RNN 能够实现某种"记忆功能"，类似于人脑这一机制，对处理过的信息留存一定记忆。

4.1.1 经典RNN结构

一个典型的 RNN 结构如图 4-1 所示。

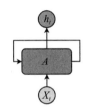

图4-1 RNN结构图

由图 4-1 可以看出，一个典型的 RNN 包含一个输入 X_t、一个输出 h_t 和一个神经网络单元 A。和普通网络不同的是，RNN 单元 A 不仅仅与输入和输出存在联系，其与自身也存在一个回路，这揭示了实质：上一时刻的信息会作用给下一时刻，我们将该图展开，如图 4-2 所示。

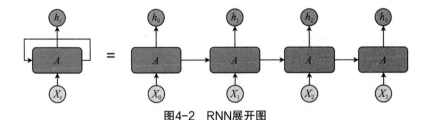

图4-2 RNN展开图

为了处理建模序列问题，RNN 引入了隐藏状态（hidden state）的概念，可以对数据提取特征，接着再转换为输出，如图 4-3 所示，先从隐藏状态 h_1 的计算开始看。

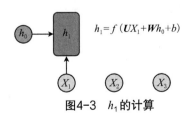

$$h_1 = f(\boldsymbol{U}X_1 + \boldsymbol{W}h_0 + b)$$

图4-3 h_1 的计算

图 4-3 中记号的含义是：圆圈或圆角方块表示向量；U、W 是参数矩阵；b 是偏置项参数；f 是激活函数，经典 RNN 中通常用 tanh 作为激活函数。

如图 4-4 所示，h_2 的计算和 h_1 类似，但要注意，计算每一步时 U、W、b 是一样的，即参数是共享的，这是 RNN 的特点。接下来如图 4-5 所示，计算出 h_3。

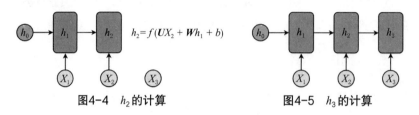

图4-4　h_2 的计算　　　　　　　　图4-5　h_3 的计算

目前 RNN 还没有输出，它直接通过隐藏状态进行计算，如图 4-6 所示，此时使用的 V 和 c 是新的参数，通常如果处理的是分类问题，则使用 Softmax 函数将输出转换成各个类别的概率。剩下的计算如图 4-7 所示。

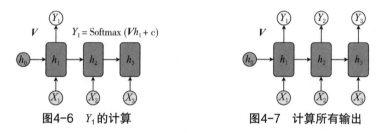

图4-6　Y_1 的计算　　　　　　　图4-7　计算所有输出

这是经典的 RNN 结构，输入为 $X_1, X_2, \cdots, X_n$，输出为 $Y_1, Y_2, \cdots, Y_n$，也就是说输入和输出的序列必须等长。

4.1.2　N VS 1 式RNN结构

4.1.1 节的结构要求输入和输出等长，但有的时候，问题的输入是一个序列，输出是一个单独值，此时我们会用到 N VS 1 RNN 结构，只要在最后一个隐藏状态上进行输出就可以了，如图 4-8 所示。

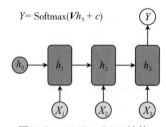

图4-8　N VS 1 RNN结构

这种结构通常用来处理分类问题，比如输入一个句子或者一段话，要求判断类别或者情感倾向等。

4.1.3　1 VS N RNN结构

如果输入并非序列而输出是序列，那么应该怎么处理？这里有两种处理方式：一是可以在序列开始时进行输入计算，如图 4-9 所示；另一种是将输入作为每个阶段的输入，如图 4-10 所示。

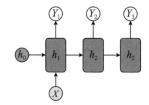 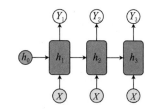

图4-9　1 VS N RNN结构（1）　　　　图4-10　1 VS N RNN 结构（2）

4.1.4　N VS M RNN结构

N VS M RNN 结构，是指输入和输出都超过长度 1，但却不等长的情况，这是一种非常常见的情形，在自然语言处理任务中经常出现。例如，在机器翻译（我们将在第 15 章详细讲解）中会经常遇到输入和输出长度不对等的情况，这种模型有个特定的名字，叫作 Encoder-Decoder，也叫作 Seq2Seq。

 明确任务

在任务开始之前，我们需要明确任务目标，以及实现原理。我们准备一个含有 18 个 .txt 文本的小型数据集，一个文本代表一种语言类别，里面有该语言下常见的名字，读者可以仿照书中操作自行随机输入一些人名。本任务要做的是，给定一种语言和首字母，生成该语言下的以首字母为开头的名字，最终展示结果如下：

```
> python sample.py Russian RUS
Rovakov
Uantov
Shavakov

> python sample.py German GER
Gerren
Ereng
Rosher

> python sample.py Spanish SPA
```

```
Salla
Parer
Allan

> python sample.py Chinese CHI
Chan
Hang
Iun
```

比如，给定 Russian（俄语）这种语言，希望生成三个名字，分别以 R、U、S 开头，最终运行结果为 Rovakov、Uantov、Shavakov；又如，给定 Chinese（中文），希望生成三个名字，分别以 C、H、I 开头，最终运行结果为 Chan、Hang、Iun；其他以此类推。

下面将构建和训练字符级 RNN 来进行文本生成。字符级 RNN 将单词作为一系列字符读取，在每一步输出预测和隐藏状态，将其先前的隐藏状态输入至下一时刻，每一时刻将会输出一个字母，最终把所有预测字母拼在一起得到最终结果。简单来说，就是通过给定语言的训练样本，从中学习到该语言的名字特性，当给定一个首字母时，最大可能地生成符合这种语言特性的名字。具体做法就是训练时，对于每一个训练样本，将当前字母作为输入，下一个字母作为目标，遍历该单词的所有字母，从而学习到该单词的特性，遍历该语言下其他单词，学习到该语言的特性。如图 4-11 所示，输入序列是 {H,e,l,l,o}，输出序列是 {e,l,l,o,!}，这两个序列是等长的，因此可以用 4.1.1 节的经典 RNN 结构来建模，要注意这里单词末尾多了个 "!"，这是结束的标志，因为在训练时，我们需要一个结束位告诉我们什么时候停止，同样在测试中也是如此。

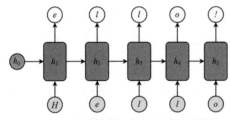

图4-11　字符级RNN训练/预测样例

在测试时，应该怎样生成序列呢？方法是以首字母作为字符，使用训练好的模型得到对应的下一个字符的概率，根据这个概率选择一个输出，接着将该输出字符作为下一步的输入，再生成下一个字符，以此类推，直到输出为结束位时停止，则得到一个单词。

4.3 准备数据

图 4-12 为随机输入的一些人名，有 18 个 .txt 文件，代表着不同的语言，每个文件打开后，如

图 4-13 所示，每行代表着该语言下的名字。我们按行将文本分割得到一个数组，将 Unicode 编码转换为 ASCII 编码，最终得到 {language:[name1,name2,…]} 格式存储的字典。

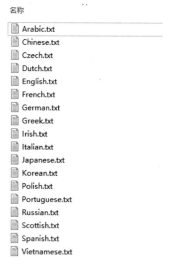

图4-12　18种语言文件　　　　　　　　图4-13　Chinese.txt文件

数据处理的代码如下：

```
from __future__ import unicode_literals, print_function, division
from io import open
import glob
import os
import unicodedata
import string


all_letters = string.ascii_letters + " .,;'-"
n_letters = len(all_letters) + 1 # 添加 EOS 结束位


def findFiles(path): return glob.glob(path)

# 将 Unicode 编码转换为 ASCII 编码
def unicodeToAscii(s):
    return ''.join(
        c for c in unicodedata.normalize('NFD', s)
        if unicodedata.category(c) != 'Mn'
        and c in all_letters
    )

# 读取文件并分成几行
def readLines(filename):
    lines = open(filename, encoding='utf-8').read().strip().split('\n')
    return [unicodeToAscii(line) for line in lines]
```

```
# 构建 category_lines 字典，列表中的每行是一个类别
category_lines = {}
all_categories = []
for filename in findFiles('data/names/*.txt'):
    category = os.path.splitext(os.path.basename(filename))[0]
    all_categories.append(category)
    lines = readLines(filename)
    category_lines[category] = lines

n_categories = len(all_categories)

if n_categories == 0:
    raise RuntimeError('Data not found. Make sure that you downloaded data '
        'from https://download.pytorch.org/tutorial/data.zip and extract
                       it to '
        'the current directory.')

print('# categories:', n_categories, all_categories)
print(unicodeToAscii("O'Néàl"))
```

输出结果如下：

```
# categories: 18 ['Arabic', 'Chinese', 'Czech', 'Dutch', 'English',
'French', 'German', 'Greek', 'Irish', 'Italian', 'Japanese', 'Korean',
'Polish', 'Portuguese', 'Russian', 'Scottish', 'Spanish',
'Vietnamese']
O'Neal
```

由于不同种语言的名字存在不同，比如 O'Neal，它是 Unicode 编码，所以需要将每个字符转成 ASCII 编码，才能对所有语言进行统一训练，最终得到存放 18 种语言及各自对应所有名字的字典 category_lines。保存好数据后，接下来我们要将数据处理成模型想要的形式。由于每种语言下的名字很多，我们并不需要对所有名字进行遍历，只需随机抽取部分即可。下述代码用来实现获取成对训练数据（category，line）。

```
import random

# 列表中的随机项
def randomChoice(l):
    return l[random.randint(0, len(l) - 1)]

def randomTrainingPair():
    # 随机抽取语言
    category = randomChoice(all_categories)
    # 对该语言随机抽取名字
    line = randomChoice(category_lines[category])
    return category, line
```

对于每个时间步长，也就是对于要训练单词的每个字母，使用当前字母预测下一个字母。例如，对于"ABCD<EOS>"，我们需要构造成对数据（A，B），（B，C），（C，D），（D，<EOS>）。另外，对于语言，我们需要将其转换成<1×n_categories>，即1×18的one-hot张量。one-hot编码又称为独热编码，可以将类别转换为由0和1组成的向量。本章任务有18种语言作为类别，首先，用1到18这18个数字代表这18个种语言；然后，用一个长度为18的向量代表每一个类别，比如第1个类别是数字1，那么除了第1个位置，这个向量的其他位置都为0，以此类推第18个类别，除了第18个位置为1，其他位置都为0。代码如下：

```python
# 类别的 one-hot 张量
def categoryTensor(category):
    li = all_categories.index(category) # 获取该语言的索引
    # 构造 one-hot 张量
    tensor = torch.zeros(1, n_categories)
    tensor[0][li] = 1
    return tensor
# 构造成对数据 (A,B)(B,C)(C,D)(D,<EOS>)
# 用于输入的从头到尾字母（不包括 EOS）的 one-hot 张量
def inputTensor(line):
    tensor = torch.zeros(len(line), 1, n_letters) # 第二维代表逐个字母输入
    # 对该单词 line 的每个字母遍历转换成 one-hot 张量
    for li in range(len(line)):
        letter = line[li]
        tensor[li][0][all_letters.find(letter)] = 1
    return tensor

# 用于生成目标张量
def targetTensor(line):
    letter_indexes = [all_letters.find(line[li]) for li in range(1, len
                                    (line))] # 从第二个开始
    letter_indexes.append(n_letters - 1)  # 添加 EOS 结束位
    return torch.LongTensor(letter_indexes)
```

为了方便训练，我们构建一个函数randomTrainingExample，用来实现随机抽取语言和单词，并得到对应的类别、输入、目标三个张量，这三者对应着接下来的模型输入。

```python
# 从随机（类别，行）对中创建类别、输入和目标张量
# 并返回类别、输入、目标
def randomTrainingExample():
    category, line = randomTrainingPair()
    category_tensor = categoryTensor(category)
    input_line_tensor = inputTensor(line)
    target_line_tensor = targetTensor(line)
    return category_tensor, input_line_tensor, target_line_tensor
```

4.4 构建模型

对于模型的输入，这里应包括语言的信息及输入单词的信息。根据 RNN 的结构性质，我们需要定义好隐藏状态，这里可以理解为模型在学习该单词字母间的特性，进而学习到对应语言的特性，而且应初始化一个隐藏状态 h_0，进而一起输入到下一时刻并逐渐循环下去。为此定义了一个 nn.Linear 层 i2h，输入维度是 n_categories+input_size+hidden_size，这里分别代表语言、输入、隐藏状态，而输出维度是 hidden_size，用来更新当前步的隐藏状态。

由于每一步输入的是一个字母，但是模型实际接收的数据有语言、输入、隐藏状态，所以我们需要一个线性层将其转换为字母信息，为此定义了 nn.Linear 层 i2o，输入维度同样是 n_categories+input_size+hidden_size，而输出维度是 output_size，这里的 output_size 和 input_size 应该是相等的，因为都代表着字母的维度。最后定义另外一个 nn.Linear 层，用来拼接 i2h 和 i2o 的输出，利用隐藏状态和字母的信息预测下一个字母，该层命名为 o2o，输入维度是 hidden_size+output_size，输出维度是 output_size，具体代码如下：

```python
import torch
import torch.nn as nn

class RNN(nn.Module):
    def __init__(self, input_size, hidden_size, output_size):
        super(RNN, self).__init__()
        self.hidden_size = hidden_size
        # 三层核心结构
        self.i2h = nn.Linear(n_categories + input_size + hidden_size,
                             hidden_size)
        self.i2o = nn.Linear(n_categories + input_size + hidden_size,
                             output_size)
        self.o2o = nn.Linear(hidden_size + output_size, output_size)
        # dropout 层用于防止过拟合，softmax 层用于对输出归一化
        self.dropout = nn.Dropout(0.1)
        self.softmax = nn.LogSoftmax(dim=1)

    def forward(self, category, input, hidden):
        # 合并所有输入
        input_combined = torch.cat((category, input, hidden), 1)
        # 得到当前步骤的隐藏状态
        hidden = self.i2h(input_combined)
        # 得到当前步骤的字母信息
        output = self.i2o(input_combined)
        # 合并
        output_combined = torch.cat((hidden, output), 1)
        # 预测下一个字母
        output = self.o2o(output_combined)
```

```
        output = self.dropout(output)
        output = self.softmax(output)
        return output, hidden
# 随机初始化 h0
def initHidden(self):
        return torch.zeros(1, self.hidden_size)
```

代码中定义了 dropout 层，用来防止过拟合，softmax 层用来对最后输出的值进行归一化。最后输出了 output 和 hidden，output 用来和实际的 target 计算误差，而 hidden 用来循环输入给下一步骤。

4.5 开始训练

和其他分类任务相比，这一次我们需要在每个时间步骤上进行预测，并计算对应的损失。在 PyTorch 中，autograd 会将每一步的损失进行累加，并在最后进行反向传播，这为我们提供了大大的便利。为了方便调用，这里将训练过程写成函数，向该函数传入语言类别、输入字母及目标字母后，计算误差 loss 并反向传播。代码如下：

```
criterion = nn.NLLLoss()# 由于模型输出已经是 softmax 操作后的，这里用 nn.NLLLoss
learning_rate = 0.0005# 定义学习率

def train(category_tensor, input_line_tensor, target_line_tensor):
    # 在 target 最后添加一维
    target_line_tensor.unsqueeze_(-1)
    # 初始化隐藏状态 h0
    hidden = rnn.initHidden()
    # 每输入一个单词，清理一次梯度累积
    rnn.zero_grad()

    loss = 0
    # 遍历该单词的所有字母
    for i in range(input_line_tensor.size(0)):
        # 返回的 hidden 用于循环的下一步骤
        output, hidden = rnn(category_tensor, input_line_tensor[i], hidden)
        l = criterion(output, target_line_tensor[i])
        loss += l

    loss.backward()
    # 更新参数，这里实际上就是 SGD，和优化器同等作用，也可用 optim.SGD
    for p in rnn.parameters():
        p.data.add_(-learning_rate, p.grad.data)

    return output, loss.item() / input_line_tensor.size(0)
```

为了跟踪训练耗费的时间，这里写了一个 timeSince（timestamp）函数，返回分和秒的字符串。训练过程和之前的一样，这里定义 100000 次迭代，用来遍历 100000 个样本，每 5000 次打印一次当前的时间和损失，每 500 次保留一次当前的平均损失 loss，用来绘图观察。代码如下：

```
import time
import math

def timeSince(since):
    now = time.time()
    s = now - since
    m = math.floor(s / 60)
    s -= m * 60
    return '%dm %ds' % (m, s)

rnn = RNN(n_letters, 128, n_letters)

n_iters = 100000
print_every = 5000
plot_every = 500
all_losses = []
total_loss = 0 # 每 500 次保留平均损失 loss 值后重置为 0

start = time.time()

for iter in range(1, n_iters + 1):
    output, loss = train(*randomTrainingExample())
    total_loss += loss

    if iter % print_every == 0:
        print('%s (%d %d%%) %.4f' % (timeSince(start), iter, iter /
n_iters * 100, loss))

    if iter % plot_every == 0:
        all_losses.append(total_loss / plot_every)
        total_loss = 0
```

输出结果如下：

```
0m 23s (5000 5%) 3.1569
0m 43s (10000 10%) 2.3132
1m 3s (15000 15%) 2.5069
1m 24s (20000 20%) 1.3100
1m 44s (25000 25%) 3.6083
2m 4s (30000 30%) 3.5398
2m 24s (35000 35%) 2.4387
2m 44s (40000 40%) 2.2262
3m 4s (45000 45%) 2.6500
3m 24s (50000 50%) 2.4559
3m 44s (55000 55%) 2.5030
```

```
4m  4s  (60000 60%) 2.9417
4m 24s  (65000 65%) 2.1571
4m 44s  (70000 70%) 1.7415
5m  4s  (75000 75%) 2.3649
5m 24s  (80000 80%) 3.0096
5m 44s  (85000 85%) 1.9196
6m  4s  (90000 90%) 1.9468
6m 25s  (95000 95%) 2.1522
6m 45s  (100000 100%) 2.0344
```

从输出可以看出 loss 值在下降，但存在波动性。为了更加直观地看出 loss 值的变化情况，我们将刚才保存的平均 loss 值进行画图，结果如图 4-14 所示，可以看出 loss 值呈现不断下降的趋势，这也说明模型在进行学习。

```python
import matplotlib.pyplot as plt
import matplotlib.ticker as ticker

plt.figure()
plt.plot(all_losses)
```

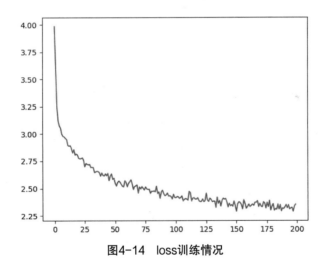

图4-14　loss训练情况

 ## 4.6　观察交互结果

模型训练完之后，我们需要完成最后的步骤，实现 4.2 节的交互结果。我们每次给网络提供一个首字母，预测下一个字母是什么，将预测到的字母继续输入，直到出现 EOS 结束位时结束循环。主要步骤如下：

（1）用输入类别、首字母和空隐藏状态创建输入张量。

（2）用首字母构建一个字符串变量 output_name。

（3）得到最大输出长度，将当前字母传入模型，从前一层得到下一个字母和下一个隐藏状态。如果字母是 EOS，则停止；如果是一个普通字母，则添加到 output_name 变量并继续循环。

（4）返回最终得到的名字单词。

实现交互结果的代码如下：

```python
max_length = 20  # 定义最长单词长度

# 来自类别和首字母的样本
def sample(category, start_letter='A'):
    with torch.no_grad():   # 也可以用 rnn.eval()
        category_tensor = categoryTensor(category)
        input = inputTensor(start_letter)
        hidden = rnn.initHidden()

        output_name = start_letter

        for i in range(max_length):
            output, hidden = rnn(category_tensor, input[0], hidden)
            # topk 函数用来提取最大概率的值和索引，也可以用 torch.max 函数
            topv, topi = output.topk(1)
            topi = topi[0][0]
            # 如果预测为 EOS 的索引，则跳出循环
            if topi == n_letters - 1:
                break
            else:
                letter = all_letters[topi]
                output_name += letter
            # 当前预测的字母作为下一时刻的输入
            input = inputTensor(letter)

        return output_name

# 从一个类别和多个首字母中获取多个样本
def samples(category, start_letters='ABC'):
    for start_letter in start_letters:
        print(sample(category, start_letter))

samples('Russian', 'RUS')

samples('German', 'GER')

samples('Spanish', 'SPA')

samples('Chinese', 'CHI')
```

输出结果如下：

```
Rovanik
Uakilovev
Shaveri
Garter
Eren
Romer
Santa
Parera
Artera
Chan
Ha
Iua
```

至此，我们就完成了最后的交互结果，给定语言类别和三个首字母，分别得到对应字母开头的单词，而且该单词符合对应语言的特性。

 ## 总结

在本章中，首先介绍了 RNN 的原理及其结构，接着给出了字符级 RNN 项目，用来进行文本生成，通过准备数据、模型构造、训练等向读者展示了使用经典 RNN 结构的方法。希望读者通过本章的介绍，对 RNN 及如何在 PyTorch 中实现 RNN 有比较详细的了解。

第5章

目标检测和实例分割

　　目标检测是指对输入的一张图片输出图片中所有感兴趣的物体及其对应边界框。首先,本章介绍图像分类、目标检测与实例分割的关系,以及一些传统方法来阐述目标检测的基本实现方法;其次,介绍深度学习中目标检测、实例分割的原理,主要剖析R-CNN、Fast R-CNN、Faster R-CNN 和 Mask R-CNN模型;最后,介绍如何使用 PyTorch 的 torchvision 模块完成目标检测和实例分割应用。

快速了解目标检测

在了解目标检测原理之前，本节首先介绍图像分类、目标检测与实例分割直接的区别和联系，如图 5-1 所示。

图像分类是指将图片归于某一个类别中，是一个简单的分类任务。图像分类的类别通常比较粗糙，例如，图片中同时含有"猫"和"狗"，则只分类到"猫"或"狗"又不太准确。图像类别提供的语义信息较少，例如，包含 1 只、2 只或多只"狗"的图片，都会被分到"狗"这一类别，不能体现数量上的语义。

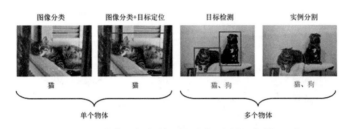

图5-1　分类、目标检测和实例分割任务的区别

目标检测的本质是定位目标和图像分类，做法是先找到目标所在的矩形边框，再对该边框内的图像进行分类。这使得目标检测可以关注图片的部分区域，而不是整张图片。

实例分割在定位目标上做得更加精细，它要求模型给出目标的边缘轮廓，而不仅仅是矩形边框。

5.1.1　评估方法

对于图像分类而言，使用分类任务常用指标即可评估，如准确率、精准率、召回率等。对于目标检测中的定位目标而言，该任务本质上是一个回归任务，其输出是一个矩形区域（x, y, w, h），表示中心点的坐标及区域宽高，常用 IoU（Intersection-Over-Union）指标评估。

5.1.2　直观方法

在正式开始介绍目标检测模型原理之前，我们先来思考一些比较直观的方法来解决这个问题。前面提到目标检测的本质是定位目标和图像分类，对于分类任务，可以使用预训练的 VGG、ResNet 的模型来完成。因此，问题的核心在于如何解决定位问题。下面假设图片中只有一个物体，在这样的前提下来理解目标检测模型的基本工作模式。

第一种方法是将定位问题当成回归问题。因为定位任务的输出是四个维度的实数域坐标，我们可以利用预训练的 CNN 模型，将最后一层用于分类的全连接层看成"分类头"（classification head），用于解决该物体属于哪一类。再额外加一层用于预测边框的"回归头"（regression head），用于解决物体定位问题。"回归头"可以加在卷积层之后、"分类头"之前，也可以加在"分类头"之后（这也是 R-CNN 的做法）。

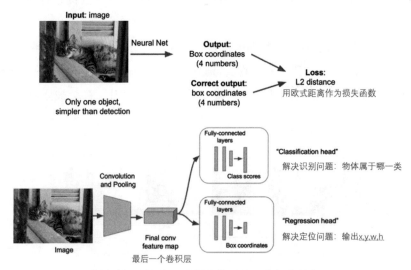

图5-2　单物体：分类、定位模型的联合模型

对于"分类头"，可以使用交叉熵作为损失函数，"回归头"使用欧氏距离作为损失函数。这样设计之后，就可以使用 SGD、Adam 等优化器来训练模型了。需要注意的是，"分类头"和"回归头"要分别训练，再拼接起来。也就是整个过程有两次微调，第一次是微调"分类头"，第二次是学习网络的前面部分不变，再微调"回归头"。

第二种方法是使用滑动窗口。第一种方法中训练"回归头"的难度太大，收敛时间也很长，很难收敛到比较满意的解。滑动窗口，是指用一个固定大小的探测框（可以理解为一个"窗口"）从左往右、从上往下移动，在每次移动的位置上，计算当前位置的得分，得到分数最高的框。选取不同大小的框，重复上述动作，其中计算分数这一动作对应的是分类任务，计算得到类别分数。

图 5-3　单物体：滑动窗口示意图

上述内容只适用于图像中只有一个物体，当图像中有多个物体时，模型都不再适用。从某种意义上来说，上述内容都属于传统方法，其中滑动窗口对选取区域没有策略，属于"暴力"方法，时间复杂度高。

5.2 R-CNN系列模型的原理

在 2014 年提出的 R-CNN（Region-CNN）模型，被普遍认为是目标检测领域的传统阶段与深度学习阶段的分界线。在 R-CNN 模型之后涌现出了许多更加高性能的深度学习模型（如 SPPNet、Faster R-CNN 等），它们都或多或少借鉴了 R-CNN 成功的经验，这极大地推动了目标检测领域和相关研究领域的发展。本节首先介绍 R-CNN、Fast R-CNN 和 Faster R-CNN 这三个目标检测模型，最后介绍 Mask R-CNN 模型用于实例分割。

5.2.1 R-CNN原理

R-CNN 模型背后的思想很简单，一是找到候选区域，二是提取区域特征并分类。首先使用 Selective Search 算法得到 2000 个物体候选框。接着每一个候选框（对应的图像区域）被缩放到特定长宽，输入到一个在 ImageNet 上预训练好的 CNN 模型中，比如在 ImageNet 上训练的 AlexNet 等，以提取该候选框的图像特征。最后使用 SVM 分类器判断该区域属于哪一类物体。R-CNN 目标检测模型的流程概览如图 5-4 所示。

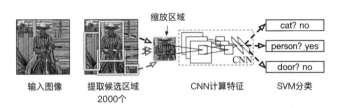

图5-4　R-CNN目标检测模型的流程概览

目标检测的任务难点不在于分类，而在于定位。首先我们需要一类方法把图像分成许多小的区域，这类方法统称为候选区域选取算法（Region Proposal Algorithms），对提取到的这些区域应用图像分类算法，就完成了目标检测任务。Selective Search 算法就是候选区域选取算法中的一种，与滑动窗口"暴力"枚举所有位置不同，它会根据图像中物体的形状、尺寸、颜色、纹理等视觉信息将图像分割成一些小区域，并以此作为算法的输出，其效果如图 5-5 所示。

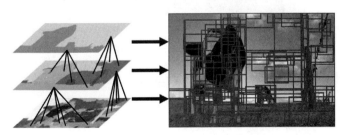

图5-5　Selective Search算法输出的候选区域

在使用 SVM 分类器计算候选区域得分之后，单独对每个类别使用非极大值抑制（Non-Maximum Suppression）算法去掉候选区域中比自己得分高且 IoU 大于某一阈值的区域。

总的来说，R-CNN 的流程与传统方法差别不大，都是先找区域，再对区域进行分类。不同的是，R-CNN 使用了特征提取能力更强的 CNN 模型，所以在 VOC 2007 数据集上的 mAP（mean Average Precision）值比传统方法的高出将近 20%。

R-CNN 是深度学习方法在目标检测领域中一次成功的应用，虽然取得了显著的成效，但缺点也很明显，候选区域数量太多。在 R-CNN 中使用了 2000 个候选区域，这意味着神经网络需要计算 2000 次图像特征，非常耗时。

5.2.2 Fast R-CNN原理

R-CNN 模型除了计算候选区域特征比较耗时外，还有一个缺点是会丢失原图精度。R-CNN 在提取区域特征时，虽然卷积层对图像尺寸并无限制，但因为之后有全连接层，而全连接层的输入维度必须是固定大小的，这就导致了输入到卷积层的图像尺寸也要固定。当区域尺寸与卷积层输入尺寸不一致时，常用的处理方法是将区域进行缩放（warp）或裁剪（crop），但是缩放会导致图像失真，而裁剪会导致物体不全，都会丢失一定精度。

为了弥补 R-CNN 上述的两个缺点，Fast R-CNN 模型提出了 RoI 池化（Region-of-Interest Pooling）层。该层输入 RoI 和原图的特征图。其中 RoI 维度为（N, 5），N 是候选框数量，另外 5 个维度是候选框 id 及其（x, y, w, h）坐标，x、y 为左上角坐标，w、h 为区域宽和高。输出为候选框对应的特征，维度是固定的。RoI 池化可以分为两个阶段：第一个阶段是 RoI 投影（RoI Projection），通过共享特征图解决多次计算卷积耗时的问题；第二个阶段是 RoI 池化，解决图像失真问题。Fast R-CNN 模型结构如图 5-6 所示。除了新增 RoI 池化层外，Fast R-CNN 还将 SVM 分类器替换成了 softmax 来解决分类问题，同时变成了多任务模型，输出层有"分类头"和"回归头"（如 5.1.2 节所描述的那样），有多个损失函数。下面着重介绍 RoI 池化层的原理。

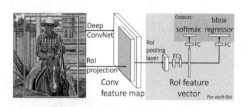

图5-6 Fast R-CNN模型结构

在 R-CNN 中，使用 Selective Search 算法得到 2000 个候选框，将这些候选区域分别送入 CNN 模型计算得到相应的特征图，而候选框数量较多导致模型的计算量非常大。我们是否可以对整张图片做卷积，在得到的大特征图上去提取每个候选区域的特征呢？如果可以的话，那么我们只需要对原始图像做一次卷积操作即可，而不用做 2000 次卷积操作了。图 5-7（a）是 VOC 2007 数据集中的一张图片。图 5-7（b）是图 5-7（a）经过卷积层后，第 66、118 个卷积核对应的特征图，箭头标识了特征图中感应最强（激活值较大）的神经元及其对应在原图中的位置。图 5-7（c）是 VOC 2007 数据集中其他图片在经过该卷积核得到的特征图中感应最强的区域，框中标注的区域表示强感应神经元对应在原图中的位置。由此我们可以发现，卷积核可以捕获到一些语义内容，例如，第 118 个卷积核可以检测到"∨"形状的图形，而第 66 个卷积核可以检测到"∧"形状的图形。因此，我们完全可以让候选框共享一张特征图，而不用单独计算每个候选框的特征图，这样就可以大大减少计算量。RoI 投影就是在原图的特征图上提取出每一个 RoI 的特征，以替代 R-CNN 中单独计算的候选区域特征。注意，RoI 投影后得到的区域特征大小是不固定的，如果不经过 RoI 池化，也需要进行缩放或裁剪才能作为全连接层的输入。下面介绍 RoI 池化层中另一个核心概念——RoI 池化，它可以接收任意尺寸的图像输入，输出定长特征向量。

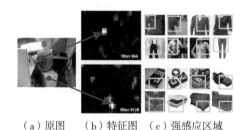

（a）原图　（b）特征图　（c）强感应区域

图5-7　特征图可视化

RoI 池化的前身是 SPPNet，所以我们先介绍 SPPNet 中的空间金字塔池化（Spatial Pyramid Pooling，SPP）。假设某区域的卷积层输出，即特征图，大小为（w，h，c），其中 c 为通道数，即卷积核数量。注意到 w、h 与区域宽、高有关，但通道数 c 与图像尺寸无关，所以 c 是一个常量。接着我们把特征图分别切割成 4×4、2×2、1×1 的网格。以 4×4 网格为例，我们将特征图在二维平面上切割成 4×4 共 16 个部分，这意味着每个部分的宽最大为 $w/4$，高最大为 $h/4$，向下取整。接着对每一个区域执行 max-pooling 操作，得到当前部分的最大值，最终得到大小为 $16c$ 的一维特征向量。同理，对 2×2 和 1×1 的网格执行同样的操作，得到大小为 $4c$ 和 $1c$ 的一维特征向量，最后将三个特征向量拼接，最终得到大小为 $21c$ 的一维特征向量。此时，特征向量与原图尺寸已经无关。因此，SPP 本质上是在多个尺度上进行特征提取，得到定长特征向量。SSP 的操作如图 5-8、图 5-9 所示。

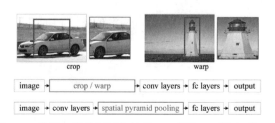

图5-8　缩放、裁剪区域和使用SPP提取区域特征的区别

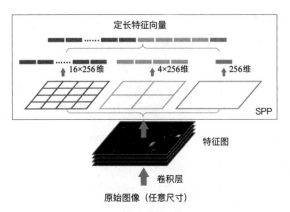

图5-9　SSPNet部分网络结构

RoI 池化基于 SPP 的思想，但只用一种尺度的网格划分方法，即 7×7 网格。对于每一个 RoI 投影，将其划分为 7×7 网格，接着与 SPP 一样，执行 max-pooling，最后可以得到 7×7 大小的特征图。

Fast R-CNN 模型中化腐朽为神奇的 RoI 池化层，解决了 R-CNN 模型两个严重的缺点，这使得 Fast R-CNN 模型中的训练耗时从 84 小时缩短为 9.5 小时，测试阶段单张图片的耗时从 47 秒缩短为 0.32 秒。

5.2.3　Faster R-CNN原理

尽管 Fast R-CNN 模型的训练速度已经很快，但在实际应用中发现，速度瓶颈落在了 Selective Search 算法上。Selective Search 算法是一种启发式算法，通过该算法找到所有候选区域是很耗时的，那么是否有更加高效的方法找到候选框呢？ Faster R-CNN 模型给出了答案，就是 RPN（Region Proposal Network）。也就是说，RPN 取代了 Selective Search 算法来完成候选区域选取工作。Faster R-CNN 的整体结构如图 5-10 所示。

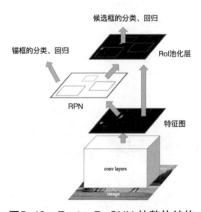

图5-10　Faster R-CNN 的整体结构

RPN 的功能是输入特征图后，输出原图中可能有物体的候选框坐标。RPN 并不判断候选框属于哪一类物体，它仅仅判断该框内是否有物体。为了便于理解，我们假设特征图 F1 的维度为（w，h，c），其中 w、h、c 是特征图的宽、高、通道数。接着对特征图再进行一次卷积计算，得到维度为（w，h，256）的特征图 F2，用于计算候选框。我们知道特征图 F1 是原图经过卷积操作得到的，所以 F1 上的一个点就相当于原图的一个区域。例如，原图经过一个 2×2 的卷积核得到特征图后，特征图上的一个点可以代表原图对应位置的一个 2×2 的区域。特征图 F2 相当于对特征图 F1 进行了一次全连接操作，所以特征图 F2 上的一个点也能对应到原图中某个区域。考虑到物体有不同的尺寸和方向，对于特征图 F2 中的任意一个位置（x，y），我们用 256 维的特征向量去预测出 $2k$ 个分数（是不是物体）和 $4k$ 个坐标（框坐标），k 是锚框（anchor box）数量。锚框的大小是固定的组合，基本锚框大小是 16×16，我们取三个缩放比（8、16、32）、三种长宽比（0.5、1、2），共可得到 9 个不同的锚框。我们将锚框中心与滑动窗口中心对齐后，可以通过计算得到锚框在原图中的坐标，从而可以得到这个锚框是否为物体，也就可以计算损失值来训练 RPN 了。RPN 结构如图 5-11 所示。

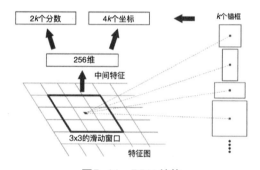

图5-11　RPN 结构

在使用 RPN 提出候选框之后，后续的网络结构与 Fast R-CNN 模型的一样。所以在训练 Faster R-CNN 时，需要先训练 RPN，再训练后续的网络。

从 R-CNN 模型到 Fast R-CNN 模型，再到 Faster R-CNN 模型，每一次新网络结构的提出，都提高了检测速度和精度。在 VOC 2007 数据集上取得的 mAP 分数也越来越高，R-CNN 系列模型的发展历史和研究方法值得每一个计算机视觉（Computer Vision，CV）研究人员学习。表 5-1 总结了 R-CNN、Fast R-CNN 和 Faster R-CNN 三个模型的区别。

表5-1　R-CNN、Fast R-CNN和Faster R-CNN的区别

模型	候选框	候选框特征	分类/回归
R-CNN	Selective Search	卷积神经网络	SVM
Fast R-CNN	Selective Search	卷积神经网络 + RoI池化	Softmax + 回归神经网络
Faster R-CNN	RPN		

5.2.4　Mask R-CNN原理

此前介绍的三个模型都用于目标检测，Mask R-CNN 模型是与 R-CNN 系列模型兼容的，它通过在目标识别网络的基础上添加一个掩码分支实现实例分割，所以网络模型并不复杂。具体来说，Mask R-CNN 模型在 Faster R-CNN 模型的基础上将 RoI 池化改成了 RoI 对齐（RoI align），它使用双线性插值得到卷积为 14×14 的特征图（Faster R-CNN 的 RoI 池化得到的是卷积为 7×7 的特征图），再池化到卷积为 7×7。网络的输出多了一个掩码头（Mask Head）用于预测每一个像素点是否为物体，所以 Mask R-CNN 模型的输出有三个：类别、边框和掩码。Mask R-CNN 结构如图 5-12 所示。

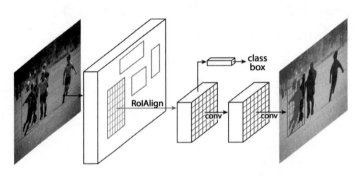

图5-12　Mask R-CNN模型结构

除了 RoI 对齐外，Mask R-CNN 模型使用了性能更好的 ResNeXt-101+FPN 作为基础的特征抽取网络，提高了模型的整体性能。

使用torchvison微调模型

本节介绍如何构建一个实例分割模型，我们将使用 torchvision 来构建神经网络及加载预训练模型。

5.3.1　使用Penn-Fudan数据集

Penn-Fudan 是由宾夕法尼亚大学发布的一个行人检测数据集，图片拍摄自校园内和城区街道。数据集对每一张图片都标记出了行人的轮廓坐标，每张图片至少会有一个行人，总共有 170 张图片和 345 个实例。Penn-Fudan 数据集的一个例子如图 5-13 所示。

图5-13　Penn-Fudan数据集的一个例子

下载好数据集后，文件结构如下：

```
PennFudanPed
|-- added-object-list.txt
|-- Annotation
|   |-- FudanPed00001.txt
|   |-- FudanPed00002.txt
|   |-- ...
|-- PedMasks
|   |-- FudanPed00001_mask.png
|   |-- FudanPed00002_mask.png
|   |-- ...
|-- PNGImages
|   |-- FudanPed00001.png
|   |-- FudanPed00002.png
|   |-- ...
`-- readme.txt
```

为了更好地使用该数据集，可以用下面的代码将其封装成数据集类，以便通过下标索引到图片和标注好的类别、边框和掩码。

```python
import os
import numpy as np
import torch
from PIL import Image


class PennFudanDataset(object):
    def __init__(self, root, transforms=None):
        self.root = root
        self.transforms = transforms
        # 下载所有图片文件，为其排序
        # 确保它们对齐
        self.imgs = list(sorted(os.listdir(os.path.join(root,
                        "PNGImages"))))
        self.masks = list(sorted(os.listdir(os.path.join(root,
                        "PedMasks"))))

    def __getitem__(self, idx):
        # load images ad masks
```

```
img_path = os.path.join(self.root, "PNGImages", self.imgs[idx])
mask_path = os.path.join(self.root, "PedMasks", self.masks[idx])
img = Image.open(img_path).convert("RGB")
# 注意我们还没有将 mask 转换为 RGB 格式
# 因为每种颜色对应一个不同的实例
# 0 是背景
mask = Image.open(mask_path)
# 将 PIL 图像转换为 numpy 数组
mask = np.array(mask)
# 实例被编码为不同的颜色
obj_ids = np.unique(mask)
# 第一个 id 是背景，所以删除它
obj_ids = obj_ids[1:]

# 将颜色编码的 mask 分成一组
# 二进制格式
masks = mask == obj_ids[:, None, None]

# 获取每个 mask 的边框坐标
num_objs = len(obj_ids)
boxes = []
for i in range(num_objs):
    pos = np.where(masks[i])
    xmin = np.min(pos[1])
    xmax = np.max(pos[1])
    ymin = np.min(pos[0])
    ymax = np.max(pos[0])
    boxes.append([xmin, ymin, xmax, ymax])

# 将所有 boxes 变量转换为 torch.Tensor
boxes = torch.as_tensor(boxes, dtype=torch.float32)
# 这里仅有一个类
labels = torch.ones((num_objs,), dtype=torch.int64)
masks = torch.as_tensor(masks, dtype=torch.uint8)

image_id = torch.tensor([idx])
area = (boxes[:, 3] - boxes[:, 1]) * (boxes[:, 2] - boxes[:, 0])
# 假设标注的实例都不是多个实例，而是单个实例。这里含义为不是 " 人群 "，而是 " 单个人 "
iscrowd = torch.zeros((num_objs,), dtype=torch.int64)

target = {}
target["boxes"] = boxes
target["labels"] = labels
target["masks"] = masks
target["image_id"] = image_id
target["area"] = area
target["iscrowd"] = iscrowd

if self.transforms is not None:
```

```
            img, target = self.transforms(img, target)

        return img, target

    def __len__(self):
        return len(self.imgs)
```

接着实例化数据集并查看一个数据，代码如下：

```
dataset = PennFudanDataset('PennFudanPed')
print(dataset[0])
```

输出结果如下：

```
(<PIL.Image.Image image mode=RGB size=559x536 at 0x7FD3AF01FA58>, {
'boxes':tensor([[159., 181., 301., 430.],
                [419., 170., 534., 485.]]),
'labels': tensor([1, 1]),
'masks': tensor([[[0, 0, 0,  ..., 0, 0, 0],
                  [0, 0, 0,  ..., 0, 0, 0],
                  [0, 0, 0,  ..., 0, 0, 0],
                  ...,
                  [0, 0, 0,  ..., 0, 0, 0],
                  [0, 0, 0,  ..., 0, 0, 0],
                  [0, 0, 0,  ..., 0, 0, 0]],

                 [[0, 0, 0,  ..., 0, 0, 0],
                  [0, 0, 0,  ..., 0, 0, 0],
                  [0, 0, 0,  ..., 0, 0, 0],
                  ...,
                  [0, 0, 0,  ..., 0, 0, 0],
                  [0, 0, 0,  ..., 0, 0, 0],
                  [0, 0, 0,  ..., 0, 0, 0]]], dtype=torch.uint8),
'image_id': tensor([0]),
'area': tensor([35358., 36225.]),
'iscrowd': tensor([0, 0])}
)
```

5.3.2 搭建目标检测模型

使用视觉工具包 torchvision 可以快速搭建 Faster R-CNN 模型，并加载预训练的模型。执行下述代码即可。

```
import torchvision
from torchvision.models.detection.faster_rcnn import FastRCNNPredictor

# 在 COCO 上加载经过预训练的模型
model = torchvision.models.detection.fasterrcnn_resnet50_fpn(pretrained=True)
```

```
# 将分类器替换为具有用户定义的 num_classes 的新分类器
num_classes = 2  # 1 个分类（person）+ 背景类
# 获取分类器的输入参数的数量
in_features = model.roi_heads.box_predictor.cls_score.in_features
# 用新的头部替换预训练好的头部
model.roi_heads.box_predictor = FastRCNNPredictor(in_features, num_classes)
```

上述代码加载了在 COCO 数据集上预训练好的目标检测模型。

5.3.3　下载必要的工具文件

为了避免编写重复代码，我们去 GitHub 上下载 torchvision 中自带的一些工具文件，在 shell 窗口中执行下述命令，或者在 jupyter notebook 中用 "%%sh" 魔术来执行单元格。

```
%%sh # 若在 notebook 中执行，则执行这一行代码
git clone https://github.com/pytorch/vision.git
cd vision
git checkout v0.5.0 # 使用 0.5.0 版本的 torchvision

cp references/detection/utils.py ../
cp references/detection/transforms.py ../
cp references/detection/coco_eval.py ../
cp references/detection/engine.py ../
cp references/detection/coco_utils.py ../
```

5.3.4　改造模型以适应新的数据集

有两种常见的方式可以修改 torchvision 自带的模型，一种方式是微调预训练模型；另一种方式是替换模型的骨干（backbone）网络，比如，把 ResNet50 改成 ResNet101，以提高模型的性能。

微调预训练模型代码如下：

```
import torchvision
from torchvision.models.detection.faster_rcnn import FastRCNNPredictor

# 加载经过预训练的模型
model = torchvision.models.detection.fasterrcnn_resnet50_fpn(pretrained=True)

# 将分类器替换为具有用户定义的 num_classes 的新分类器
num_classes = 2  # 1 个分类 (person) + 背景类
# 获取分类器的输入参数的数量
in_features = model.roi_heads.box_predictor.cls_score.in_features
# 用新的头部替换预训练好的头部
model.roi_heads.box_predictor = FastRCNNPredictor(in_features, num_classes)
```

上述代码首先加载在 COCO 数据集上预训练的 Faster R-CNN 模型，该模型可以预测 90 个类别的物体和 1 个背景类，所以共计 91 个类别。接着把模型的 box_predictor（包含"分类头"和"回归头"）替换为新的神经网络层，用于检测行人。

替换骨干模型的代码如下：

```
import torchvision
from torchvision.models.detection import FasterRCNN
from torchvision.models.detection.rpn import AnchorGenerator

# 加载预训练的模型进行分类和返回
# 只有功能
backbone = torchvision.models.mobilenet_v2(pretrained=True).features
# Faster R-CNN 需要知道骨干网中的输出通道数量。对于 mobilenet_v2，它是 1280，所以
    我们需要在这里添加它
backbone.out_channels = 1280

# 我们让 RPN 在每个空间位置生成 5×3 的锚点
# 因为每个特征映射可能具有不同的大小和宽高比
anchor_generator = AnchorGenerator(sizes=((32, 64, 128, 256, 512),),
                                    aspect_ratios=((0.5, 1.0, 2.0),))

# 定义一下我们将用于执行感兴趣区域裁剪的特征映射，以及重新缩放后裁剪的大小
# 如果主干返回 Tensor，则 featmap_names 应为 [0]
# 更一般地，主干应该返回 OrderedDict[Tensor]
# 并且在 featmap_names 中，可以选择要使用的功能映射
roi_pooler = torchvision.ops.MultiScaleRoIAlign(featmap_names=[0],
                                                output_size=7,
                                                sampling_ratio=2)

# 将这些 pieces 放在 Faster R-CNN 模型中
model = FasterRCNN(backbone,
                    num_classes=2,
                    rpn_anchor_generator=anchor_generator,
                    box_roi_pool=roi_pooler)
```

上述代码将 Faster R-CNN 模型的骨干模型从 ResNet50 替换成了 MobileNet，加快了模型的训练、预测速度，但模型的性能也许不如以前那么好。

在本节中，我们使用微调预训练模型的方式使用 Mask R-CNN 模型。下述代码定义了 get_instance_segmentation_model() 函数，用于改造模型并实例化。

```
import torchvision
from torchvision.models.detection.faster_rcnn import FastRCNNPredictor
from torchvision.models.detection.mask_rcnn import MaskRCNNPredictor


def get_instance_segmentation_model(num_classes):
    # 在 COCO 上加载预训练的实例分割模型
```

```
model = torchvision.models.detection.maskrcnn_resnet50_fpn
        (pretrained=True)

# 获取分类器的输入特征数
in_features = model.roi_heads.box_predictor.cls_score.in_features
# 用新的头部替换预训练好的头部
model.roi_heads.box_predictor = FastRCNNPredictor(in_features,
                               num_classes)

# 获取掩码分类器的输入特征数
in_features_mask = model.roi_heads.mask_predictor.conv5_mask.in_
                   channels
hidden_layer = 256
# 用新的掩码预测器替换
model.roi_heads.mask_predictor = MaskRCNNPredictor(in_features_mask,
                                 hidden_layer, num_classes)

return model
```

5.3.5　调用工具文件训练模型

由于数据集比较小，所以我们需要做一些数据增强工作。下述代码定义了图像变换操作，其实就是随机翻转训练图像。代码中的 engine、utils、transforms 都来自 5.3.3 节下载的工具文件。

```
from engine import train_one_epoch, evaluate
import utils
import transforms as T


def get_transform(train):
    transforms = []
    # 将 PIL 图像转成 Tensor
    transforms.append(T.ToTensor())
    if train:
        # 在训练过程中，随机翻转图像，以达到数据增强的目的
        transforms.append(T.RandomHorizontalFlip(0.5))
    return T.Compose(transforms)
```

在开始训练之前，我们需要将数据集打乱，并且使用数据加载器包装数据集，以便进行小批量训练。下述代码完成了这些操作。

```
# 实例化数据集，在训练集上做数据增强
dataset = PennFudanDataset('PennFudanPed', get_transform(train=True))
dataset_test = PennFudanDataset('PennFudanPed', get_transform(train=False))

# 打乱数据集，并设置测试集大小为 50
```

```
torch.manual_seed(1)
indices = torch.randperm(len(dataset)).tolist()
dataset = torch.utils.data.Subset(dataset, indices[:-50])
dataset_test = torch.utils.data.Subset(dataset_test, indices[-50:])

# 定义数据加载器，便于迭代数据集
data_loader = torch.utils.data.DataLoader(
    dataset, batch_size=2, shuffle=True, num_workers=4,
    collate_fn=utils.collate_fn)

data_loader_test = torch.utils.data.DataLoader(
    dataset_test, batch_size=1, shuffle=False, num_workers=4,
    collate_fn=utils.collate_fn)
```

接着实例化模型，定义优化器和调度器，并调用工具文件来训练模型。

```
device = torch.device('cuda')
if torch.cuda.is_available() else torch.device('cpu')

# 数据集只有两个类，即人（person）和背景
num_classes = 2

# 获取改造后的模型实例
model = get_instance_segmentation_model(num_classes)
model.to(device)

# 定义优化器
params = [p for p in model.parameters() if p.requires_grad]
optimizer = torch.optim.SGD(params, lr=0.005, momentum=0.9,
                            weight_decay=0.0005)

# 使用学习率调度器，每 3 个 epoch 将学习率变为原来的 0.1
lr_scheduler = torch.optim.lr_scheduler.StepLR(optimizer,
                                        step_size=3,
                                        gamma=0.1)

# 总共训练 10 个 epoch
num_epochs = 10

for epoch in range(num_epochs):
    # 训练一个 epoch，并且每 10 个 step 打印一次 loss 值等信息
    train_one_epoch(model, optimizer, data_loader, device, epoch, print_
freq=10)
    # 每次训练 epoch 完成后，更新学习率，并在测试集上评估模型
    lr_scheduler.step()
    evaluate(model, data_loader_test, device=device)
```

5.3.6 评估和测试模型

在经过几分钟后，最终得到了训练 10 个 epoch 后的 mAP 结果。输出包含两部分，即目标检测和实例分割，主要看第一行的值。

输出结果如下：

```
IoU metric: bbox
 Average Precision    (AP) @[ IoU=0.50:0.95 | area=    all | maxDets=100 ]
= 0.820
 Average Precision    (AP) @[ IoU=0.50      | area=    all | maxDets=100 ]
= 0.991
 Average Precision    (AP) @[ IoU=0.75      | area=    all | maxDets=100 ]
= 0.938
 Average Precision    (AP) @[ IoU=0.50:0.95 | area=  small | maxDets=100 ]
= -1.000
 Average Precision    (AP) @[ IoU=0.50:0.95 | area=medium | maxDets=100 ]
= 0.516
 Average Precision    (AP) @[ IoU=0.50:0.95 | area= large | maxDets=100 ]
= 0.830
 Average Recall       (AR) @[ IoU=0.50:0.95 | area=    all | maxDets=  1 ]
= 0.379
 Average Recall       (AR) @[ IoU=0.50:0.95 | area=    all | maxDets= 10 ]
= 0.865
 Average Recall       (AR) @[ IoU=0.50:0.95 | area=    all | maxDets=100 ]
= 0.865
 Average Recall       (AR) @[ IoU=0.50:0.95 | area=  small | maxDets=100 ]
= -1.000
 Average Recall       (AR) @[ IoU=0.50:0.95 | area=medium | maxDets=100 ]
= 0.787
 Average Recall       (AR) @[ IoU=0.50:0.95 | area= large | maxDets=100 ]
= 0.870
IoU metric: segm
 Average Precision    (AP) @[ IoU=0.50:0.95 | area=    all | maxDets=100 ]
= 0.759
 Average Precision    (AP) @[ IoU=0.50      | area=    all | maxDets=100 ]
= 0.991
 Average Precision    (AP) @[ IoU=0.75      | area=    all | maxDets=100 ]
= 0.924
 Average Precision    (AP) @[ IoU=0.50:0.95 | area=  small | maxDets=100 ]
= -1.000
 Average Precision    (AP) @[ IoU=0.50:0.95 | area=medium | maxDets=100 ]
= 0.448
 Average Precision    (AP) @[ IoU=0.50:0.95 | area= large | maxDets=100 ]
= 0.769
 Average Recall       (AR) @[ IoU=0.50:0.95 | area=    all | maxDets=  1 ]
= 0.347
 Average Recall       (AR) @[ IoU=0.50:0.95 | area=    all | maxDets= 10 ]
= 0.803
```

```
 Average Recall         (AR) @[ IoU=0.50:0.95 | area=   all | maxDets=100 ]
= 0.803
 Average Recall         (AR) @[ IoU=0.50:0.95 | area= small | maxDets=100 ]
= -1.000
 Average Recall         (AR) @[ IoU=0.50:0.95 | area=medium | maxDets=100 ]
= 0.725
 Average Recall         (AR) @[ IoU=0.50:0.95 | area= large | maxDets=100 ]
= 0.808
```

下面来可视化模型的预测结果，选取测试集中的第一张图片，并使用训练好的网络进行预测。

```
# 选一张图片
img, _ = dataset_test[0]
# 设置模型为 " 评估模式 "
model.eval()
with torch.no_grad():
    prediction = model([img.to(device)])
```

输出结果如下：

```
[{'boxes': tensor([[ 59.5648,  42.0406, 196.2855, 327.7872],
          [276.4287,  22.2713, 290.9028,  73.3523]], device='cuda:0'),
  'labels': tensor([1, 1], device='cuda:0'),
  'scores': tensor([0.9992, 0.8225], device='cuda:0'),
  'masks': tensor([[[[0., 0., 0.,  ..., 0., 0., 0.],
          [0., 0., 0.,  ..., 0., 0., 0.],
          [0., 0., 0.,  ..., 0., 0., 0.],
          ...,
          [0., 0., 0.,  ..., 0., 0., 0.],
          [0., 0., 0.,  ..., 0., 0., 0.],
          [0., 0., 0.,  ..., 0., 0., 0.]]],


         [[[0., 0., 0.,  ..., 0., 0., 0.],
          [0., 0., 0.,  ..., 0., 0., 0.],
          [0., 0., 0.,  ..., 0., 0., 0.],
          ...,
          [0., 0., 0.,  ..., 0., 0., 0.],
          [0., 0., 0.,  ..., 0., 0., 0.],
          [0., 0., 0.,  ..., 0., 0., 0.]]]], device='cuda:0')}]
```

模型返回一个字典，字段 boxes[i]、labels[i]、scores[i]、masks[i] 分别表示检测到的第 i 个物体的边框、类标、置信度和像素级掩码。下述代码可以查看掩码。

```
# 查看原图
Image.fromarray(img.mul(255).permute(1, 2, 0).byte().numpy())
# 查看掩码
Image.fromarray(prediction[0]['masks'][0, 0].mul(255).byte().cpu().numpy())
```

原始图片和预测结果如图 5-14 所示。

图5-14　原始图片（左）和预测结果（右）

5.4　总结

本章首先介绍了目标检测的基本方法，接着剖析了 R-CNN、Fast R-CNN 和 Faster R-CNN 模型的原理，以及 Mask R-CNN 模型的原理，并且介绍了如何使用 PyTorch 快速构建一个目标检测、实例分割模型，本质上就是使用视觉工具包 torchvision 提供的预训练模型。若读者要对 R-CNN 系列模型的结构进行修改，可以参考 5.3.4 节的两种方式。若是要进行创新型模块构建，则可能需要阅读视觉工具包 torchvision 的源码，理清模型细节后再编写新的网络模块，将其拼接到模型中。

第6章

人脸检测与识别

人脸识别具有非常广泛的应用，在交通领域可以用于火车进站时候的身份认定，在金融领域可以用于身份识别，在手机上可以用来进行解锁，等等。本章将基于一个人脸识别库 facenet-pytorch，来讲解基于 PyTorch 的人脸检测与识别。

6.1 模型介绍

原始图像的人脸识别可以分为两个步骤：首先是使用 MTCNN 来检测人脸，然后使用 Inception Resnet 计算概率识别人脸。MTCNN 是一个多任务卷积神经网络模型，可以完成人脸区域检测和人脸关键点检测两个任务。如图 6-1，MTCNN 首先对人脸进行不同尺度的变化，建立图像金字塔；然后 Stage 1 部分提出候选的面部区域，由白色的边框框出的部分就是候选面部区域，Stage 2 部分过滤候选框，可以看出 Stage 2 的结果比 Stage 1 的结果少了很多；最后 Stage 3 精确识别人脸区域和人脸关键点。

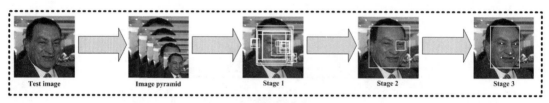

图6-1 MTCNN 人脸区域检测和人脸关键点检测的过程

Inception Resnet 图像分类模型是 Inception 模型结合了 Resnet 而提出的，它结合了这两个模型的优点。Inception 模型之前，大部分的卷积神经网络模型只是把卷积层堆叠的越来越多，使得卷积神经网络越来越深，这样存在参数太多容易过拟合和网络过深训练过程中会梯度消失等问题。Inception 模型使用大小不同的卷积核提取特征，然后将这些特征连接起来，从而将网络变的更宽了。Resnet 也就是残差网络被加入之后，可以显著地提升训练的速度。

6.2 facenet-pytorch库

人脸识别库 facenet-pytorch 可以使用以下两种方式来安装。

```
# 使用 pip 安装
pip install facenet-pytorch
# 复制仓库中的代码
git clone https://github.com/timesler/facenet-pytorch.git facenet_pytorch
# 使用 docker 容器
docker run -it --rm timesler/jupyter-dl-gpu pip install facenet-pytorch
&& ipython
```

在 Python 中使用 facenet-pytorch 库，代码如下：

```
# 导入依赖的库
```

```
from facenet_pytorch import MTCNN, InceptionResnetV1
# 如果创建一个 MTCNN 实例来检测人脸
mtcnn = MTCNN(image_size=<image_size>, margin=<margin>)
# 创建一个 Inception ResNet
resnet = InceptionResnetV1(pretrained='vggface2').eval()
```

用 facenet-pytorch 处理一张图片，代码如下：

```
# 导入图片处理库 PIL
from PIL import Image
# 打开一张图片
img = Image.open(<image path>)

使用 MTCNN 预处理图片
img_cropped = mtcnn(img, save_path=<optional save path>)
# 计算图片嵌入
img_embedding = resnet(img_cropped.unsqueeze(0))
# 使用 resent 人脸识别
recent.classify=True
img_probs=resent (img_cropped.unsqueeze(0))
```

6.3 预训练模型

要加载预训练模型的参数，不需要手动下载，在模型实例化的时候参数会自动下载并缓存到本地。使用以下代码来实例化模型。

```
from facenet_pytorch import InceptionResnetV1

# 加载 VGGFace2 预训练的模型
model = InceptionResnetV1(pretrained='vggface2').eval()

# 加载 CASIA-Webface 预训练的模型
model = InceptionResnetV1(pretrained='casia-webface').eval()

# 创建一个 100 个类别的模型
model = InceptionResnetV1(num_classes=100).eval()

# 创建一个 1001 个类别的分类器
model = InceptionResnetV1(classify=True, num_classes=1001).eval()
```

这些模型都是用 160×160 像素的图片来训练的，所以模型也会在这个尺寸的照片上有最好的表现。默认的情况下，这些模型将会返回 512 维的图像编码。如果需要进行图像分类，可以传入 classify=True 参数给模型的构造器。

下面提供了一个完整的样例来展示使用数据、数据加载和 GPU 处理的内容。

首先，导入依赖的库，代码如下：

```
from facenet_pytorch import MTCNN, InceptionResnetV1
import torch
from torch.utils.data import DataLoader
from torchvision import datasets
import numpy as np
import pandas as pd
import os

workers = 0 if os.name == 'nt' else 4
```

其次，要确定 NVIDIA GPU 是否可用，代码如下：

```
device = torch.device('cuda:0' if torch.cuda.is_available() else 'cpu')
print('Running on device: {}'.format(device))
```

输出结果如下，表明有一个 GPU 可以用：

```
Running on device: cuda:0
```

实例化 MTCNN 算法模块，为了演示效果加了一些默认参数，这些参数并不是必需的，代码如下：

```
mtcnn = MTCNN(
    image_size=160, margin=0, min_face_size=20,
    thresholds=[0.6, 0.7, 0.7], factor=0.709, post_process=True,
    device=device
)
```

在这个例子中，我们使用模型来输出图像的编码或者卷积神经网络的特征。为了推理，要将模型设置为 eval 模式。

实例化 Inception ResNet V1 模块，代码如下：

```
resnet = InceptionResnetV1(pretrained='vggface2').eval().to(device)
```

定义一个数据集和数据导入，代码如下：

```
def collate_fn(x):
    return x[0]
dataset = datasets.ImageFolder('../data/test_images')
dataset.idx_to_class = {i:c for c, i in dataset.class_to_idx.items()}
loader = DataLoader(dataset, collate_fn=collate_fn, num_workers=workers)
```

1. MTCNN人脸检测

导入人脸图像数据集之后，进行 MTCNN 人脸检测。遍历 DataLoader 对象并检测每个人脸和相关的检测概率。如果检测到人脸，MTCNN 返回裁剪到检测的人脸的图像。默认情况下只返回一个检测到的人脸，要让 MTCNN 返回所有检测到的人脸，在创建上面的 MTCNN 对象时设置 keep_all=True。要获得边框而不是裁剪的人脸图像，可以调用较低级别的 mtcnn.detect() 函数。

```
aligned = []
names = []
for x, y in loader:
    x_aligned, prob = mtcnn(x, return_prob=True)
    if x_aligned is not None:
        print('Face detected with probability: {:8f}'.format(prob))
        aligned.append(x_aligned)
        names.append(dataset.idx_to_class[y])
```

输出结果如下：

```
Face detected with probability: 0.999957
Face detected with probability: 0.999927
Face detected with probability: 0.999662
Face detected with probability: 0.999873
Face detected with probability: 0.999991
```

2. 计算图像编码

从图像中检测到人脸图像之后，下一步就是计算图像编码。

MTCNN 算法将返回相同大小的人脸图像，从而使用 ResNet 识别模块轻松进行批处理。在这里，由于只有几张图像，因此我们构建了一个批次并对其进行推理。对于真实数据集，应修改代码以控制传递到 ResNet 的批量大小，尤其是在 GPU 上处理时。

```
aligned = torch.stack(aligned).to(device)
embeddings = resnet(aligned).detach().cpu()
```

打印类别之间的距离矩阵，代码如下：

```
dists = [[(e1 - e2).norm().item() for e2 in embeddings] for e1 in embeddings]
print(pd.DataFrame(dists, columns=names, index=names))
```

输出结果如下：

	angelina_jolie	bradley_cooper	kate_siegel	paul_rudd	shea_whigham
angelina_jolie	0.000000	1.344806	0.781201	1.425579	
bradley_cooper	1.344806	0.000000	1.256238	0.922126	
kate_siegel	0.781201	1.256238	0.000000	1.366423	
paul_rudd	1.425579	0.922126	1.366423	0.000000	
shea_whigham	1.448495	0.891145	1.416447	0.985438	
shea_whigham					
angelina_jolie	1.448495				
bradley_cooper	0.891145				
kate_siegel	1.416447				

```
paul_rudd          0.985438
shea_whigham
```

 ## 总结

　　人脸识别已经深入到我们生活的方方面面，用手机时通过人脸识别进行解锁，去商场购物时用人脸识别支付，查社保公积金时进行人脸识别登录账号，外出旅行时可以人脸识别进站等。人脸识别使用场景非常广泛，同时涉及到的环节比较多，需要先检测人脸，然后再识别人脸，所以采用了比较成熟的库 facenet-pytorch 来完成这个任务。

第 7 章

利用DCGAN生成假脸

　　如果说到深度学习在过去二十年的重大发展，那么生成对抗网络（Generative Adversarial Network，GAN）便是其中一项，它被 Yann LeCun 评价为近二十年机器学习最有趣的想法。本章首先介绍 GAN 的由来及原理，接着介绍它在图像领域中的应用——深度卷积生成对抗网络（Deep Convolutional Generative Adversarial Network，DCGAN），然后带领读者实现一个 DCGAN 并利用它来生成假脸图像。

7.1 GAN及其原理

　　GAN 于 2014 年由 Ian Goodfellow 等提出，它是一个无监督学习的深度学习模型，可以从原始数据中学习到数据分布的规律，并按照这个规律来生成新的数据。GAN 由两个不同的模型构成：生成器（generator）和判别器（discriminator）。图 7-1 生动地展示了生成器和判别器两者的关系，以及它们是如何对抗的。生成器用于产生假数据，而判别器则用于判断一个数据是数据集中的真实数据，还是由生成器产生的假数据。训练的过程就是生成器不断地调整产生的假数据，使其符合真实数据的分布，从而达到以假乱真的效果，而判别器则在训练过程中不断加强对真假数据的检测和识别能力。可想而知，训练的平衡结果是生成器产生的数据完美到与真实数据无异，而判别器在判断数据是真的还是假的时候只有 50% 概率的把握。

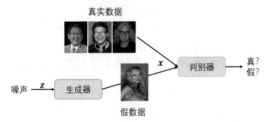

图7-1　GAN的生成器和判别器

　　下面定义一些符号标记以更方便地介绍 GAN 的原理和细节。设 x 表示一张真实的图片，用向量表示。$D(x)$ 是判别器，它输出一个概率值用于表示当前输入 x 来自真实数据集，而不是来自生成器的可能性。一个好的判别器，对于任何一个真实数据，它输出的概率值都要高于任何一个来自生成器的数据，这样的判别器可以较好地区分真实数据和假数据。如上所述，判别器 $D(x)$ 也可以看成是一个二分类函数。

　　假设 z 表示标准正态分布（又名高斯分布）的向量空间下的一个采样。在这样的空间下采样的数据是没有语义的，因此又称为噪声。假设 $G(z)$ 表示生成器，它将该噪声 z 映射到真实数据分布的向量空间下，因此生成器的输出是一个向量。生成器 $G(z)$ 的目标是学习一个噪声分布到估计分布 P_g 的映射，使得估计分布 P_g 接近于真实数据的分布 P_{data}。这样一来，任意采样一个噪声都可以得到一个符合真实数据分布的假数据，来达到以假乱真的效果。

　　图 7-2 展示了生成器学习真实数据分布的过程。图 7-2（a）表示初始状态，此时判别器和生成器都是刚刚初始化；图 7-2 中的（b）、（c）、（d）表示随着学习的进行，判别器和生成器的变化。黑点表示真实数据，由于并不知道真实数据的分布概率 P_{data}，但是有真实数据的样本集合，所以它们是离散的点。实线表示生成器学到的估计分布概率 P_g，在初始状态下，P_g 和 P_{data} 差别还是很大的。虚线表示判别器对假数据输出的概率值，到学习结束时，判别器对于假数据的判别概率是 50%，这表明判别器几乎区分不了真假数据，此时生成器产生的假数据已经与真实数据无异了。

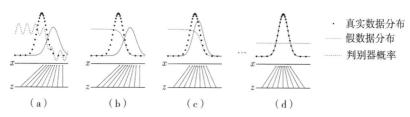

图7-2　生成器学习真实数据分布的过程

在了解了 GAN 大概的工作原理后，下面介绍 GAN 的损失函数，这是 GAN 中非常核心的部分。从上面的介绍中我们不难理解，$D(G(z))$ 是生成器产生的数据为真实数据的概率值，对于判别器来说，它应该最大化真实数据的输出值 $\log(D(x))$，并且最小化生成器所产生的数据的输出值 $D(G(z))$，我们将其改写为求最大的式子，即最大化 $\log(1-D(G(z)))$。如此一来，判别器的目标函数可以写成：

$$\max_D(\log D(x) + \log(1 - D(G(z))))$$

对于生成器来说，它要最小化产生的数据被分类为假数据的概率值，即最小化 $\log(1-D(G(z)))$。因此它的目标函数可以写成：

$$\min_G \log(1 - D(G(z)))$$

从公式可以看出，判别器和生成器其实在进行 min-max 博弈，这个博弈最终达到的平衡状态就是，判别器对于生成器产生的数据只有 50% 的把握认为是真实数据，也只有 50% 的把握认为是假数据。其实可以把上述两个损失函数进行合并，就得到了 GAN 的目标函数：

$$\min_G \max_D V(D, G) = \mathbb{E}_{x\,P_{\text{data}}(x)}[\log D(x)] + \mathbb{E}_{z\,P_g(z)}\left[\log(1 - D(G(z)))\right]$$

当优化判别器 D 时，我们需要固定生成器 G 不变，来最小化 $-V(D,G)$。当优化生成器 G 时，我们需要固定判别器 D 不变，来最小化 $V(D,G)$。

7.2　DCGAN简介

深度卷积生成对抗网络（DCGAN）是 GAN 在图像领域的一个扩展，其原理与 GAN 原理一样，只是它在判别器和生成器中分别使用了卷积层和转置卷积（convolutional-transpose）层。DCGAN 中的判别器由跨步卷积（strided convolution）层、批归一化（batch norm）层构成，并使用 LeakyReLU 作为激活函数，这是基于 ReLU 函数的一种变种函数。判别器接收一个 $3 \times 64 \times 64$ 大小的图像张量作为输入，输出该图片是来自真实数据集中的概率大小。DCGAN 中的生成器则由转置卷积层、批归一化层及 ReLU 激活函数构成。生成器接收一个从标准正态分布总采样出来的噪声向量，输出一张 $3 \times 64 \times 64$ 大小的 RGB 图片。跨步转置卷积层使得噪声向量可以被转换为具有相同大小的张量，即 $3 \times 64 \times 64$ 大小的 RGB 图片。

 ## 7.3 实现一个假脸生成模型

为了完成一个假脸生成模型，我们需要设定模型的参数，导入数据集，然后分别实现生成器和判别器，最后定义损失函数和优化器。

7.3.1 模型设定

下面将实现 DCGAN 模型，首先引入需要用到的 Python 包。

```
from __future__ import print_function
#%matplotlib inline
import argparse
import os
import random
import torch
import torch.nn as nn
import torch.nn.parallel
import torch.backends.cudnn as cudnn
import torch.optim as optim
import torch.utils.data
import torchvision.datasets as dset
import torchvision.transforms as transforms
import torchvision.utils as vutils
import numpy as np
import matplotlib.pyplot as plt
import matplotlib.animation as animation
from IPython.display import HTML

# 为再现性设置随机种子
manualSeed = 999
#manualSeed = random.randint(1, 10000) # 获取新的结果
print("Random Seed: ", manualSeed)
random.seed(manualSeed)
torch.manual_seed(manualSeed)
```

为了方便后续代码的编写，下面定义模型、训练及数据集的一些参数。

```
# 数据集根目录
dataroot = "data/celeba"

# 数据加载器并发数
workers = 2

# 训练批的大小
batch_size = 128

# 训练图片的大小。所有图片都会转成该大小的图片
image_size = 64

# 训练图片的通道数。彩色图片是 RGB 三个通道
nc = 3

# 噪声向量大小（生成器的输入大小）
nz = 100

# 生成器中特征图的大小
ngf = 64

# 判别器中特征图的大小
ndf = 64

# 数据集的训练次数
num_epochs = 5

# 学习率
lr = 0.0002

# Adam 优化器的 beta1 参数
beta1 = 0.5

# 所使用的 GPU 数量。0 表示使用 CPU
ngpu = 1
```

7.3.2　人脸数据集

在这里，我们所使用的数据集是由香港中文大学发布的名人人脸数据集 CelebA，共有 20 多万张人脸图像，囊括了 1 万多位名人。创建一个名为 celeba 的文件夹，将下载的压缩包 img_align_celeba.zip 解压到该目录下，在后续代码中我们将数据集的根目录设置为该目录，其目录结构如下：

```
/path/to/celeba
    -> img_align_celeba
        -> 188242.jpg
        -> 173822.jpg
        -> 284702.jpg
```

```
    -> 537394.jpg
```

PyTorch 中的 ImageFolder 这个数据集工具，可以直接从目录实例化一个数据集对象。借助这个数据集工具及创建好的目录，可以非常方便地创建数据集和数据加载器，并且可视化一些样本。代码如下：

```
# 按照设置的方式使用图像文件夹数据集
# 创建数据集
dataset = dset.ImageFolder(root=dataroot,
                transform=transforms.Compose([
                    transforms.Resize(image_size),
                    transforms.CenterCrop(image_size),
                    transforms.ToTensor(),
                    transforms.Normalize((0.5, 0.5, 0.5), (0.5, 0.5,
0.5)),
                ]))
# 创建加载器
dataloader = torch.utils.data.DataLoader(dataset, batch_size=batch_size,
            shuffle=True, num_workers=workers)

# 选择运行在上面的设备
device = torch.device("cuda:0" if (torch.cuda.is_available() and
        ngpu > 0) else "cpu")

# 绘制部分输入图像
real_batch = next(iter(dataloader))
plt.figure(figsize=(8,8))
plt.axis("off")
plt.title("Training Images")
plt.imshow(np.transpose(
vutils.make_grid(real_batch[0].to(device)[:64],
                padding=2,
normalize=True).cpu(),
(1,2,0)))
```

运行之后，输出结果如图 7-3 所示。

图7-3　输出结果

7.3.3　实现生成器

在编写生成器的代码之前，我们先实现原始作者提供的权重初始化函数。DCGAN 的作者认为模型的网络权重应该使用均值为 0、标准差为 0.02 的正态分布来进行初始化。因此我们定义一个 weights_init 函数，该函数接收一个刚初始化的网络模型作为输入，将网络中的卷积层和批归一化层使用上述分布进行重新初始化。该函数在创建模型后立即调用。代码如下：

```
# 自定义的权重初始化函数，用于初始化 netG 和 netD 网络
def weights_init(m):
    classname = m.__class__.__name__
    if classname.find('Conv') != -1:
        nn.init.normal_(m.weight.data, 0.0, 0.02)
    elif classname.find('BatchNorm') != -1:
        nn.init.normal_(m.weight.data, 1.0, 0.02)
        nn.init.constant_(m.bias.data, 0)
```

生成器 $G(z)$ 用于学习从噪声分布到真实数据分布的映射关系。因为数据是图像，所以将 z 映射到估计分布就是生成一张 RGB 图像，大小与真实图像一样，也就是 $3 \times 64 \times 64$。实际上，这一操作由一系列二维跨步转置卷积层完成，每一个卷积层后连接了一个二维的批归一化层和一个 ReLU 激活函数。生成器的输出最后输入到 tanh 函数中，以将张量的值限定到 [-1, 1] 之间，保持与输入数据一致。值得注意的是，每个转置卷积层之后都有一个批归一化操作，这也是 DCGAN 的主要贡献之一。这些批归一化层使得在训练时梯度可以更好地反向传播，提高了模型的训练效率。

我们在 7.3.1 节中创建的 nz、ngf 和 nc 参数是用于控制生成器结构的。其中 nz 表示噪声向量的大小，ngf 控制生成器中特征图的大小，nc 控制生成器输出的图片的通道数量。生成器的代码如下：

```
# 生成器代码
class Generator(nn.Module):
    def __init__(self, ngpu):
        super(Generator, self).__init__()
        self.ngpu = ngpu
        self.main = nn.Sequential(
            # 输入是 Z，输入到卷积层
            nn.ConvTranspose2d(nz, ngf * 8, 4, 1, 0, bias=False),
            nn.BatchNorm2d(ngf * 8),
            nn.ReLU(True),
            # 状态维度为 (ngf*8) x 4 x 4
            nn.ConvTranspose2d(ngf * 8, ngf * 4, 4, 2, 1, bias=False),
            nn.BatchNorm2d(ngf * 4),
            nn.ReLU(True),
            # 状态维度为 (ngf*4) x 8 x 8
            nn.ConvTranspose2d(ngf * 4, ngf * 2, 4, 2, 1, bias=False),
            nn.BatchNorm2d(ngf * 2),
            nn.ReLU(True),
            # 状态维度为 (ngf*2) x 16 x 16
```

```
            nn.ConvTranspose2d(ngf * 2, ngf, 4, 2, 1, bias=False),
            nn.BatchNorm2d(ngf),
            nn.ReLU(True),
            # 状态维度为 (ngf) x 32 x 32
            nn.ConvTranspose2d(ngf, nc, 4, 2, 1, bias=False),
            nn.Tanh()
            # 状态维度为 (nc) x 64 x 64
        )

    def forward(self, input):
        return self.main(input)
```

下面实例化一个生成器，并用之前定义的 weights_init 函数来重新初始化模型的参数，并将创建的生成器结构打印出来，看看创建是否正确。

```
# 实例化一个生成器
netG = Generator(ngpu).to(device)

# 使用多个 GPU 处理
if (device.type == 'cuda') and (ngpu > 1):
    netG = nn.DataParallel(netG, list(range(ngpu)))

# 使用自定义的权重初始化函数
netG.apply(weights_init)

# 打印模型
print(netG)
```

输出结果如下：

```
Generator(
  (main): Sequential(
    (0): ConvTranspose2d(100, 512, kernel_size=(4, 4), stride=(1, 1),
bias=False)
    (1): BatchNorm2d(512, eps=1e-05, momentum=0.1, affine=True, track_
running_stats=True)
    (2): ReLU(inplace=True)
    (3): ConvTranspose2d(512, 256, kernel_size=(4, 4), stride=(2, 2),
padding=(1, 1), bias=False)
    (4): BatchNorm2d(256, eps=1e-05, momentum=0.1, affine=True, track_
running_stats=True)
    (5): ReLU(inplace=True)
    (6): ConvTranspose2d(256, 128, kernel_size=(4, 4), stride=(2, 2),
padding=(1, 1), bias=False)
    (7): BatchNorm2d(128, eps=1e-05, momentum=0.1, affine=True, track_
running_stats=True)
    (8): ReLU(inplace=True)
    (9): ConvTranspose2d(128, 64, kernel_size=(4, 4), stride=(2, 2),
padding=(1, 1), bias=False)
```

```
    (10): BatchNorm2d(64, eps=1e-05, momentum=0.1, affine=True, track_
running_stats=True)
    (11): ReLU(inplace=True)
    (12): ConvTranspose2d(64, 3, kernel_size=(4, 4), stride=(2, 2),
padding=(1, 1), bias=False)
    (13): Tanh()
  )
)
```

7.3.4 实现判别器

正如之前提到的，判别器 $D(x)$ 实际上是一个二分类网络，它接收图片 x 作为输入，并输出该图片是取自真实数据集的概率值，该值越大表示模型认为该图片是真实图片，越小则表示模型认为该图片是假图片。在编码层面上，x 是 $3 \times 64 \times 64$ 的张量，我们对其使用一些列的 Conv2d、BatchNorm2d 及 LeakyReLU 层进行处理后，使用 Sigmoid 函数来输出概率值。作为一个二分类器，上述架构可以扩展更多层来解决复杂的二分类问题，但需要注意的是，在 DCGAN 中，上述架构用到的跨步卷积、批归一化和 LeakyReLU 有着重要的作用。这是因为 DCGAN 作者认为，使用跨步卷积代替传统的池化操作，可以让模型学习到自己的池化函数，而非固定的池化函数（如最大池化和最小池化操作）。批归一化和 LeakyReLU 在训练过程中可以使梯度更好地进行反向传播，这在生成器和判别器中都是至关重要的。判别器的代码如下：

```
class Discriminator(nn.Module):
    def __init__(self, ngpu):
        super(Discriminator, self).__init__()
        self.ngpu = ngpu
        self.main = nn.Sequential(
            # 输入的维度是 (nc) x 64 x 64
            nn.Conv2d(nc, ndf, 4, 2, 1, bias=False),
            nn.LeakyReLU(0.2, inplace=True),
            # 状态维度是 (ndf) x 32 x 32
            nn.Conv2d(ndf, ndf * 2, 4, 2, 1, bias=False),
            nn.BatchNorm2d(ndf * 2),
            nn.LeakyReLU(0.2, inplace=True),
            # 状态维度是 (ndf*2) x 16 x 16
            nn.Conv2d(ndf * 2, ndf * 4, 4, 2, 1, bias=False),
            nn.BatchNorm2d(ndf * 4),
            nn.LeakyReLU(0.2, inplace=True),
            # 状态维度是 (ndf*4) x 8 x 8
            nn.Conv2d(ndf * 4, ndf * 8, 4, 2, 1, bias=False),
            nn.BatchNorm2d(ndf * 8),
            nn.LeakyReLU(0.2, inplace=True),
            # 状态维度是 (ndf*8) x 4 x 4
            nn.Conv2d(ndf * 8, 1, 4, 1, 0, bias=False),
```

```
            nn.Sigmoid()
        )

    def forward(self, input):
        return self.main(input)
```

与生成器一样，判别器也需要重新初始化一下模型的权重，代码如下：

```
# 创建判别器
netD = Discriminator(ngpu).to(device)

# 使用多个 GPU 处理
if (device.type == 'cuda') and (ngpu > 1):
    netD = nn.DataParallel(netD, list(range(ngpu)))

# 应用 weights_init() 函数随机初始化所有权重，mean= 0，stdev = 0.2
netD.apply(weights_init)

# 打印模型
print(netD)
```

输出结果如下：

```
Discriminator(
  (main): Sequential(
    (0): Conv2d(3, 64, kernel_size=(4, 4), stride=(2, 2), padding=(1,
            1), bias=False)
    (1): LeakyReLU(negative_slope=0.2, inplace=True)
    (2): Conv2d(64, 128, kernel_size=(4, 4), stride=(2, 2), padding=(1,
            1), bias=False)
    (3): BatchNorm2d(128, eps=1e-05, momentum=0.1, affine=True, track_
            running_stats=True)
    (4): LeakyReLU(negative_slope=0.2, inplace=True)
    (5): Conv2d(128, 256, kernel_size=(4, 4), stride=(2, 2), padding=(1,
            1), bias=False)
    (6): BatchNorm2d(256, eps=1e-05, momentum=0.1, affine=True, track_
            running_stats=True)
    (7): LeakyReLU(negative_slope=0.2, inplace=True)
    (8): Conv2d(256, 512, kernel_size=(4, 4), stride=(2, 2), padding=(1,
            1), bias=False)
    (9): BatchNorm2d(512, eps=1e-05, momentum=0.1, affine=True, track_
            running_stats=True)
    (10): LeakyReLU(negative_slope=0.2, inplace=True)
    (11): Conv2d(512, 1, kernel_size=(4, 4), stride=(1, 1), bias=False)
    (12): Sigmoid()
  )
)
```

7.3.5 损失函数和优化器

通过指定损失函数和优化器，可以分别对判别器和生成器进行优化。我们使用 PyTorch 提供的 Binary Cross Entropy（即 BCELoss）作为损失函数，它的计算式如下：

$$\ell(x,y) = \boldsymbol{L} = \{l_1, l_2, \cdots, l_N\}^{\mathrm{T}}, l_n = -[y_n \bullet \log x_n + (1-y_n) \bullet \log(1-x_n)]$$

注意到 BCELoss 的计算函数中提供了 7.1 节中提到的两个 log 部分的计算，一个是 $\log(D(x))$，一个是 $\log(1-D(G(z)))$。我们可以通过控制输入 BCELoss 中的 y 来指定计算哪个 log 值。当 $y=1$ 时，我们可以计算 $\log(D(x))$；当 $y=0$ 时，我们可以计算 $\log(1-D(G(z)))$。这个操作需要在接下来的训练过程中进行，但是读者需要非常清楚地知道，我们是通过设置输入 BCELoss 中 y 的值来控制计算 GAN 的目标函数的，下面会讲到 y，其实就是数据的标签。

我们将真实数据的标签（real_label）定义为 1，假数据的标签（fake_label）定义为 0，这两个标签值用于计算判别器和生成器的损失值。接下来定义两个优化器，一个用于优化生成器，另一个用于优化判别器。与 DCGAN 的原始论文中所设置的一样，我们设置两个优化器的学习率都为 0.0002，Beta1 都为 0.5。为了跟踪生成器的学习进度，我们事先生成一个固定不变的噪声 fixed_noise，并在每几轮训练后将其输入到生成器中，以查看其对应的假图片是什么样的。fixed_noise 的分布与训练时所用的分布一样，都是高斯分布。

```
# 初始化 BCELoss 函数
criterion = nn.BCELoss()

# 创建一批固定的噪声数据，用来可视化生成器的学习进程
fixed_noise = torch.randn(64, nz, 1, 1, device=device)

# 定义训练期间真假数据的标签值
real_label = 1
fake_label = 0

# 为 G 和 D 创建 Adam 优化器
optimizerD = optim.Adam(netD.parameters(), lr=lr, betas=(beta1, 0.999))
optimizerG = optim.Adam(netG.parameters(), lr=lr, betas=(beta1, 0.999))
```

7.4 训练假脸生成模型

前面已经完成了生成对抗网络模型的定义和数据的处理，接下来将使用数据来训练模型。模型的训练分为两步，第一步是判别器部分，第二步是生成器部分。

7.4.1 训练的整体流程

到目前为止，我们已经定义了生成对抗网络中的所有部分，现在我们来训练整个 DCGAN 模型。需要注意，训练 GAN 也是一项非常艰难的工作，不正确的超参数设置很容易导致模型训练失败，并且很难理解到底是哪里出现了错误。因此，在这里我们严格按照 GAN 的原始论文中所提到的训练算法来训练 DCGAN，同时参考在 ganhacks 中提到的训练 GAN 的一些技巧。根据上面两个训练 GAN 的方法，我们对真实数据和假数据构建不同的训练批，并且调整生成器的优化目标为最大化 $\log(D(G(z)))$。GAN 的训练过程分为两步，第一步是更新判别器，第二步是更新生成器。DCGAN 训练过程的代码如下：

```
# DCGAN 的训练过程

# 记录训练的过程
img_list = []
G_losses = []
D_losses = []
iters = 0

print("Starting Training Loop...")
# 遍历数据集
for epoch in range(num_epochs):
    # 遍历真实数据中的每一个数据批
    for i, data in enumerate(dataloader, 0):

        # 在此处训练判别器，省略

        # 在此处训练生成器，省略

        # 输出训练状态
        if i % 50 == 0:
            print('[%d/%d][%d/%d]\tLoss_D: %.4f\tLoss_G: %.4f\tD(x):
                    %.4f\tD(G(z)): %.4f / %.4f'
                    % (epoch, num_epochs, i, len(dataloader),
                        errD.item(), errG.item(), D_x, D_G_z1, D_G_z2))

        # 保存训练时的损失，用于后续打印图形
        G_losses.append(errG.item())
        D_losses.append(errD.item())

        # 记录生成器将 fixed_noise 映射成了什么样的图片
        if (iters % 500 == 0) or ((epoch == num_epochs-1) and (i ==
            len(dataloader)-1)):
            with torch.no_grad():
                fake = netG(fixed_noise).detach().cpu()
            img_list.append(vutils.make_grid(fake, padding=2,
                        normalize=True))
```

```
        iters += 1
```

上述代码省略了主要的两个步骤，第一步是更新判别器，第二步是更新生成器，下面对这两个步骤进行详细介绍。

7.4.2 更新判别器

判别器的训练目标是最大化真实数据的概率值，以达到区分真实数据和假数据的目的。Goodfellow 在 GAN 论文中提到，应该朝着"梯度增大的方向"来更新判别器，实际上就是指需要最大化 $\log(D(x)) + \log(1-D(G(z)))$ 的值，这与 7.2 节中所介绍的是一个道理。我们按照 ganhacks 中的建议，对真实数据和假数据分别构建训练批，因此，判别器的梯度来自下面两个训练批。一是真实数据的训练批，我们从真实数据集中采样数据构建训练批，将其输入到判别器 D 中，计算损失值 $\log(D(x))$，并计算模型反向传播的权重的梯度。二是生成器产生的假数据训练批，我们使用生成器 G 构建一个假数据批，也将其输入到判别器 D 中，计算损失值 $\log(1-D(G(z)))$ 及它产生的梯度。直到这里，我们已经计算了真实数据训练批和假数据训练批所产生的梯度，将这些梯度累加起来，最终对判别器执行一次优化，更新判别器。

```
############################
# (1) 更新判别器：最大化 log(D(x)) + log(1 - D(G(z)))
############################
## 使用真实数据构建训练批
netD.zero_grad()
# 格式化训练批
real_cpu = data[0].to(device)
b_size = real_cpu.size(0)
label = torch.full((b_size,), real_label, dtype=torch.float, device=device)
# 前向传播真实数据的训练批
output = netD(real_cpu).view(-1)
# 计算真实数据的损失
errD_real = criterion(output, label)
# 反向传播计算梯度
errD_real.backward()
D_x = output.mean().item()

# 使用生成器产生的数据构建训练批
# 产生正态分布的噪声
noise = torch.randn(b_size, nz, 1, 1, device=device)
# 使用生成器产生假数据
fake = netG(noise)
label.fill_(fake_label)
# 使用判别器，此时将它们标记为假数据
output = netD(fake.detach()).view(-1)
# 计算假数据训练批的损失
```

```
errD_fake = criterion(output, label)
# 计算梯度
errD_fake.backward()
D_G_z1 = output.mean().item()
# 将真实数据和假数据产生的梯度加起来
errD = errD_real + errD_fake
# 更新判别器
optimizerD.step()
```

7.4.3　更新生成器

正如 GAN 的原始论文中提到的，我们通过最小化 $\log(1-D(G(z)))$ 来训练生成器，以生成更像真实数据的假数据。然而 Goodfellow 在论文中也提到，上述 log 值并不能够提供足够大的梯度以达到训练模型的效果，尤其是在训练的初期。因此，我们采取最大化 $\log(D(G(z)))$ 的方式来实现同样的效果。在代码实现上，我们通过如下方式来实现这一效果。我们使用更新完的判别器，对假数据进行一次前向传播，接着使用 BCELoss 函数来计算损失值，注意，此时需要的是 $\log(D(G(z)))$ 这个值，因此传入到 BCELoss 函数中的 y 值为 1。

我们将在训练判别器时输入生成器中的噪声再次输入生成器中，得到一个输出，并使用 BCELoss 函数来计算该输出与真实标签的损失，以该损失作为生成器的损失值进行反向传播，并完成对生成器的优化。

```
###########################
# (2) 更新生成器：最大化 log(D(G(z)))
###########################
netG.zero_grad()
label.fill_(real_label)   # 假数据在生成器看来是真实数据
# 因为判别器在 (1) 中更新了，所以我们重新进行一次前向传播
output = netD(fake).view(-1)
# 计算损失
errG = criterion(output, label)
# 计算 G 的梯度
errG.backward()
D_G_z2 = output.mean().item()
# 更新生成器
optimizerG.step()
```

在补充完训练的核心步骤后，我们便可以执行 DCGAN 的训练过程了，最终的输出结果如下。

```
Starting Training Loop...
[0/5][0/1583]   Loss_D: 1.9847  Loss_G: 5.5914  D(x): 0.6004    D(G(z)):
0.6680 / 0.0062
……（省略）
[1/5][0/1583]   Loss_D: 2.9760  Loss_G: 10.0054 D(x): 0.9849    D(G(z)):
0.8227 / 0.0006
```

```
……（省略）
[2/5][0/1583]      Loss_D: 0.4978   Loss_G: 2.1119   D(x): 0.7535      D(G(z)):
0.1516 / 0.1538
……（省略）
[3/5][0/1583]      Loss_D: 0.6866   Loss_G: 1.2368   D(x): 0.5888      D(G(z)):
0.0629 / 0.3474
……（省略）
[4/5][0/1583]      Loss_D: 0.6654   Loss_G: 2.2644   D(x): 0.7580      D(G(z)):
0.2801 / 0.1315
……（省略）
[4/5][1550/1583]            Loss_D: 0.4742   Loss_G: 2.5811   D(x): 0.7891
D(G(z)): 0.1840 / 0.0966
```

7.5 可视化结果

现在，我们检查一下 DCGAN 的训练情况。首先观察生成器和判别器的损失值在训练中的变化，其次可视化 fixed_noise 在不同训练时间点上生成器输出的假图片是什么样的，最后对比真实图片和假图片。

通过下面代码可以打印生成器和判别器的损失变化。

```
plt.figure(figsize=(10,5))
plt.title("Generator and Discriminator Loss During Training")
plt.plot(G_losses,label="G")
plt.plot(D_losses,label="D")
plt.xlabel("iterations")
plt.ylabel("Loss")
plt.legend()
plt.show()
```

输出结果如图 7-4 所示。

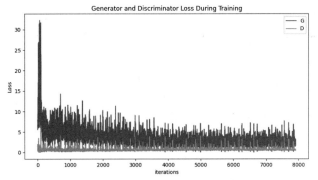

图7-4   生成器和判别器的损失变化

还记得我们在训练之前生成的 fixed_noise 吗？我们在训练过程中每隔一段时间就会将其输入生成器中，并记录此时产生的假图片。现在我们就可以利用它来可视化生成器的训练过程。代码如下：

```
#%%capture
fig = plt.figure(figsize=(8,8))
plt.axis("off")
ims = [[plt.imshow(np.transpose(i,(1,2,0)), animated=True)] for i in
       img_list]
ani = animation.ArtistAnimation(fig, ims, interval=1000, repeat_delay=
                                1000, blit=True)

HTML(ani.to_jshtml())
```

输出结果如图 7-5 所示。

图7-5　输出结果

最后对比一下真实图片和假图片，代码如下：

```
real_batch = next(iter(dataloader))

# 打印真实图片
plt.figure(figsize=(15,15))
plt.subplot(1,2,1)
plt.axis("off")
plt.title("Real Images")
plt.imshow(np.transpose(vutils.make_grid(real_batch[0].to(device)[:64],
           padding=5, normalize=True).cpu(),(1,2,0)))

# 打印假图片
plt.subplot(1,2,2)
plt.axis("off")
plt.title("Fake Images")
plt.imshow(np.transpose(img_list[-1],(1,2,0)))
plt.show()
```

输出结果如图 7-6 所示。

（a）真图片 　　　　　　　　　　　　　　（b）假图片

图7-6　真实图片与假图片

 总结

通过对本章的学习，读者可以对 GAN 及其原理有一个较为深入的理解。本章还实现了 DCGAN 并将其用于生成假脸图片，感兴趣的读者可以利用本章提供的代码，自行进行测试。

要想对 GAN 和 DCGAN 有更加深入的理解，可以花时间进行如下工作。

- 让模型训练的久一点，查看它能够达到的更好结果是什么样的。
- 用其他人脸数据集来训练模型，或者修改模型的图片大小甚至架构。
- 观察生成器和判别器的损失值变化，并尝试解释为什么会这样。
- 尝试其他 GAN 项目。
- 尝试实现一个音乐生成的 GAN。

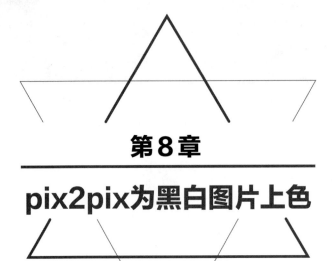

第8章

pix2pix为黑白图片上色

　　如果你上过美术课，那么你一定知道画一幅彩色画的步骤，比如画一棵树，首先需要用铅笔勾勒出树的轮廓，然后在黑白图片上涂上树的颜色。本章将实现一个 pix2pix 模型来为黑白图片自动上色，这在计算机视觉领域也称为图到图的翻译任务。

带约束的生成对抗网络

在第 7 章中介绍了生成对抗网络（GAN），GAN 包括生成器和判别器，其中生成器 $G(z)$ 接收一个噪声向量 z 作为输入，输出一个符合真实数据分布的假数据。判别器 $D(x)$ 则用于判断一个数据是由生成器产生，还是来自真实数据集。训练 GAN 的过程可以看作是生成器和判别器的一个 min-max 博弈，可以描述为

$$\min_G \max_D V(D,G) = \mathbb{E}_{x\,P_{\text{data}}(x)}[\log D(x)] + \mathbb{E}_{z\,P_g(z)}\Big[\log(1 - D(G(z)))\Big]$$

在上述式子中，并没有对输入到判别器和生成器中的数据进行任何约束，即生成器产生的数据是非常"自由"的。在使用 DCGAN 产生假脸图片时，我们从标准正态分布中采用的噪声向量 z 所产生的假脸图片，有可能是男性也有可能是女性，有可能戴了眼镜，也有可能没有戴眼镜，这完全是随机的。那么有没有办法使 GAN 产生符合一些事先设定的约束条件的数据呢？如果可以的话，那么生成器就可以接收诸如性别、头发颜色等属性，从而产生定制化的图片。于是条件生成对抗网络（conditional GAN，cGAN）就诞生了，如图 8-1 所示。cGAN 也是 GAN 比较早期的一个变种，从形式上非常容易理解 cGAN 的原理，它将一个约束 y 引入到生成器和判别器的输入中，即

$$\min_G \max_D V(D,G) = \mathbb{E}_{x\,P_{\text{data}}(x)}[\log D(x\,|\,y)] + \mathbb{E}_{z\,P_g(z)}\Big[\log(1 - D(G(z\,|\,y)))\Big]$$

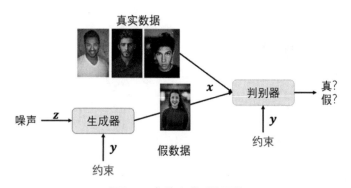

图8-1　条件生成对抗网络

从输入数据的角度来理解 cGAN，对于生成器而言，它的输入由噪声向量和约束向量构成；对于判别器而言，它的输入则由图像向量和约束向量构成。约束的引入使得 cGAN 可以在有监督情况下产生假数据，不再像 GAN 那样"自由"。

8.2 pix2pix的原理

黑白图片自动上色任务在计算机视觉领域也属于图到图的翻译问题（image-to-image translation problem），其本质上是将像素映射为另一个像素，然而不同任务间的差别较大，所以需要针对任务单独设计模型。

本章我们将使用 pix2pix 模型来完成黑白图片的自动上色，在进入编码实现环节之前，我们先介绍它的原理。如果已经理解了 cGAN，那么 pix2pix 就很好理解了，因为它是 cGAN 的改进。

pix2pix 的第一个改进是在原始 cGAN 的损失函数基础上加入了一个 L1 正则化项，用于衡量生成器产生的图片与真实图片之间的差异。设 (x,y) 是带标签的图片，其中 x 为图片，y 是标签，正则化项可以写为

$$\mathcal{L}_{L1}(G) = \| x - G(y,z) \|_1$$

当然，我们希望这个 L1 项越小越好，这说明生成器产生的图片与该标签对应的图片很相似。pix2pix 模型结构如图 8-2 所示。

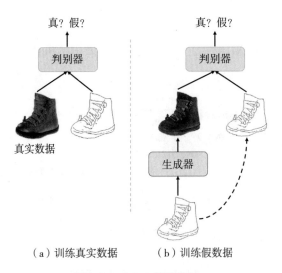

（a）训练真实数据   （b）训练假数据

图8-2　pix2pix模型结构

在 pix2pix 模型出现之前，生成器通常是编码器 - 解码器架构。在这样的网络中，输入图片使用一系列层来完成下采样（downsampling）操作，最终生成一个向量。然后将这个过程反过来进行，即上采样（upsampling），最终输出假图片。靠近输入侧的层可以学习到低级特征，将这些特征用于生成图片也许会有帮助。因此，pix2pix 的第二个改进是带残差连接的 U-Net 替换了 cGAN 中的编码器 - 解码器模型。具体来说是将第 i 层与第 $n-i$ 层连接起来，n 是总层数。生成器的两种架构如图 8-3 所示。

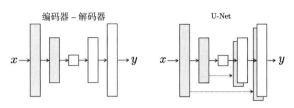

图8-3　生成器的两种架构

第三个改进是提出了 PatchGAN 的概念，我们知道判别器输出的值是一个实数，表示图片为真实图片的概率大小。PatchGAN 输出一个 $N \times N$ 的矩阵，矩阵通过卷积操作计算得到，矩阵上的值可以理解为一个概率，对应到原始图片上的某个区域（patch），在原始论文中一个 70×70 的 PatchGAN 就可以达到很好的效果，这里的 70 不是指输出的矩阵大小，而是 PatchGAN 的感受野大小，也就是说对应原图一个 70×70 的区域。

8.3　实现图到图翻译模型

由于 pix2pix 模型与 GAN 模型在结构上非常一致，所以可以复用第 7 章中 GAN 的代码结构，在此基础上进行修改即可。首先列出使用到的 Python 包，代码如下：

```
from __future__ import print_function
#%matplotlib inline
import argparse
import os
import random
import torch
import torch.nn as nn
import torch.nn.parallel
import torch.backends.cudnn as cudnn
import torch.optim as optim
import torch.utils.data
import torchvision.datasets as dset
import torchvision.transforms as transforms
import torchvision.utils as vutils
import numpy as np
import matplotlib.pyplot as plt
import matplotlib.animation as animation
from IPython.display import HTML
import functools

# 为再现性设置随机种子
manualSeed = 999
#manualSeed = random.randint(1, 10000) # 获取新的结果
```

```
print("Random Seed: ", manualSeed)
random.seed(manualSeed)
torch.manual_seed(manualSeed)
```

然后定义参数，代码如下：

```
# 数据集根目录
dataroot = "data/facades"

# 数据加载器并发数
workers = 2

# 训练批的大小
batch_size = 32

# 训练图片的大小。所有图片都会转成该大小的图片
image_size = 256

# 训练图片的通道数。彩色图片是 RGB 三个通道
input_nc = 3
output_nc = 3

# 生成器中特征图的大小
ngf = 64

# 判别器中特征图的大小
ndf = 64

# 数据集的训练次数
num_epochs = 200

# 学习率
lr = 0.0002

# Adam 优化器的 beta1 参数
beta1 = 0.5

# 所使用的 GPU 数量。0 表示使用 CPU
ngpu = 1

# L1 正则化项的权重
lambda_L1 = 100
```

这里新增了 input_nc 和 output_nc 用于表示输入图片和输出图片的通道数，原因是后续需要输入黑白图片（通道数为 1）输出彩色图片（通道数为 3）。此外新增了 $L1$ 正则化项的权重 lambda_$L1$，该值越大则生成器产生的假图片与真实图片会很相似。

8.3.1 Facade数据集

Facade 数据集是一个带有立面结构标注的房屋数据集，共包含 606 张来自世界各地的建筑物正面照片，以及人工修正过的立面结构。将数据集下载后解压到 data/facades 目录下，解压后的目录结构如下：

```
./data/facades
  ./test
  ./train
  ./val
```

我们观察一张 Facade 训练集中的图片（见图 8-4）可以发现建筑物图片和立面结构被嵌在了同一张图片里。

图8-4　Facade训练集中的一张图片

为了在加载数据集时将真实图片和约束拆分开，我们定义一个名为 AlignedDataset 的数据集类来统一处理这种嵌入了两张图片的数据，代码如下：

```
class AlignedDataset(torch.utils.data.Dataset):
    def __init__(self, root, left_is_A=True, phase='train', max_dataset_
                size=float('inf')):
        self.dir_AB = os.path.join(root, phase)  # 获取图片目录
        self.AB_paths = sorted(make_dataset(self.dir_AB,
                        max_dataset_size))  # 获取图片路径

        # 生成 A 和 B 的图片处理器
        self.A_transform = gen_transform(grayscale=(input_nc == 1))
        self.B_transform = gen_transform(grayscale=(output_nc == 1))
        self.left_is_A = left_is_A

    def __getitem__(self, index):
        # 从文件中加载出图片
        AB_path = self.AB_paths[index]
        AB = Image.open(AB_path).convert('RGB')

        # 切分图片的A/B面
        w, h = AB.size
```

```
        w2 = int(w / 2)
        A = AB.crop((0, 0, w2, h))
        B = AB.crop((w2, 0, w, h))

        if not self.left_is_A:
            A, B = B, A

        A = self.A_transform(A)
        B = self.B_transform(B)

        return A, B

    def __len__(self):
        return len(self.AB_paths)
```

我们调用 make_dataset() 函数来读取目录下的所有图片文件名，在取 index 下标的数据时，使用 PIL 库从磁盘读取图片，并将其切分为 A、B 两个部分。在后续代码的编写中，将 A 视为约束，将 B 视为真实图片，因此设置 left_is_A 为 False。make_dataset() 函数的代码如下：

```
IMG_EXTENSIONS = [
    '.jpg', '.JPG', '.jpeg', '.JPEG',
    '.png', '.PNG', '.ppm', '.PPM', '.bmp', '.BMP',
    '.tif', '.TIF', '.tiff', '.TIFF',
]

def is_image_file(filename):
    return any(filename.endswith(extension) for extension in IMG_EXTENSIONS)

def make_dataset(_dir, max_dataset_size=float("inf")):
    """
    读取目录下的所有文件名作为数据集
    """
    images = []
    assert os.path.isdir(_dir), '%s is not a valid directory' % _dir

    for root, _, fnames in sorted(os.walk(_dir)):
        for fname in fnames:
            if is_image_file(fname):
                path = os.path.join(root, fname)
                images.append(path)
    return images[:min(max_dataset_size, len(images))]
```

此外，还调用了 gen_transform 函数来创建图片处理器，因为后续要对黑白图片上色，所以在进行数据归一化时要考虑灰度图，代码如下：

```
def gen_transform(grayscale=False):
    """ 生成图片的处理器
    """
```

```
transform_list = []
if grayscale:
    transform_list.append(transforms.Grayscale(1))

    transform_list.append(transforms.Resize(image_size))
    transform_list.append(transforms.CenterCrop(image_size))

    # 随机翻转图片，进行数据增强
    transform_list.append(transforms.RandomHorizontalFlip())

    transform_list.append(transforms.ToTensor())

if grayscale:
    transform_list.append(transforms.Normalize((0.5,), (0.5,)))
else:
    transform_list.append(transforms.Normalize((0.5, 0.5, 0.5),
(0.5, 0.5, 0.5)))

    return transforms.Compose(transform_list)
```

下面定义一个 make_aligned_img 函数来将 A、B 图片合并成一张图片以便于观察。

```
def make_aligned_img(A, B, normA=True):
    """
    将 A、B 图片合并成一张图片
    """
    A, B = A.cpu(), B.cpu()
    if A.dim() == 3:
        A = A[None, :, :, :]
    if B.dim() == 3:
        B = B[None, :, :, :]

    aligned = torch.cat((B, A), dim=3)
    aligned = vutils.make_grid(aligned, padding=2, normalize=True)
    aligned = np.transpose(aligned, (1,2,0))
    return aligned
```

下面实例化数据集和数据加载器并打印一张训练集的图片。

```
# 创建数据集
dataset = AlignedDataset(dataroot, left_is_A=False)
# 创建加载器
dataloader = torch.utils.data.DataLoader(dataset, batch_size=batch_size,
                                shuffle=True, num_workers=workers)

# 选择我们运行在上面的设备
device = torch.device("cuda:0" if (torch.cuda.is_available() and ngpu >
0) else "cpu")

# 打印训练集中的第一个数据
```

```
A, B = dataset[0]
plt.figure(figsize=(10,10))
plt.axis("off")
plt.title("Training Images")
plt.imshow(make_aligned_img(A, B))
```

输出结果如图 8-5 所示。

图8-5　输出训练结果

8.3.2　U-Net作为生成器

U-Net 可以看成由三部分组成，下采样、上采样和用于连接下采样层和上采样层的残差连接。这里我们用一种递归的方式来创建 U-Net，首先定义组成 U-Net 的最小单元 UnetSkipConnectionBlock。代码如下：

```
class UnetSkipConnectionBlock(nn.Module):
    """
    U-Net 的子模块，带有残差连接
    """

    def __init__(self, outer_nc, inner_nc, input_nc=None,
                submodule=None, outermost=False, innermost=False, norm_
                layer=nn.BatchNorm2d, use_dropout=False):
        """
        构建一个带残差连接的 U-Net 子模块

        Parameters:
            outer_nc (int) -- 外层 filters 数量
            inner_nc (int) -- 内层 filters 数量
            input_nc (int) -- 输入图片 / 特征图的通道数
            submodule (UnetSkipConnectionBlock) -- 中间夹的子模块
            outermost (bool)      -- 是否为最外层
            innermost (bool)      -- 是否为最内层
            norm_layer            -- 归一化层
            use_dropout (bool)  -- 是否使用 Dropout 层
        """
```

```python
        super(UnetSkipConnectionBlock, self).__init__()
        self.outermost = outermost
        if type(norm_layer) == functools.partial:
            use_bias = norm_layer.func == nn.InstanceNorm2d
        else:
            use_bias = norm_layer == nn.InstanceNorm2d
        if input_nc is None:
            input_nc = outer_nc
        downconv = nn.Conv2d(input_nc, inner_nc, kernel_size=4,
                            stride=2, padding=1, bias=use_bias)
        downrelu = nn.LeakyReLU(0.2, True)
        downnorm = norm_layer(inner_nc)
        uprelu = nn.ReLU(True)
        upnorm = norm_layer(outer_nc)

        if outermost:
            upconv = nn.ConvTranspose2d(inner_nc * 2, outer_nc,
                                        kernel_size=4, stride=2,
                                        padding=1)
            down = [downconv]
            up = [uprelu, upconv, nn.Tanh()]
            model = down + [submodule] + up
        elif innermost:
            upconv = nn.ConvTranspose2d(inner_nc, outer_nc,
                                        kernel_size=4, stride=2,
                                        padding=1, bias=use_bias)
            down = [downrelu, downconv]
            up = [uprelu, upconv, upnorm]
            model = down + up
        else:
            upconv = nn.ConvTranspose2d(inner_nc * 2, outer_nc,
                                        kernel_size=4, stride=2,
                                        padding=1, bias=use_bias)
            down = [downrelu, downconv, downnorm]
            up = [uprelu, upconv, upnorm]

            if use_dropout:
                model = down + [submodule] + up + [nn.Dropout(0.5)]
            else:
                model = down + [submodule] + up

        self.model = nn.Sequential(*model)

def forward(self, x):
    if self.outermost:
        # 最外层不用加残差连接
        return self.model(x)
    else:   # 添加残差连接
        return torch.cat([x, self.model(x)], 1)
```

UnetSkipConnectionBlock 会创建下采样层和上采样层，并将一个子网络夹在两个层之间，在输出时会将本 Block 下采样层的输入与上采样层的输出进行残差连接。借助 UnetSkipConnectionBlock，我们就可以用一种递归的方式来创建基于 U-Net 的生成器了。代码如下：

```python
class UnetGenerator(nn.Module):
    """ 基于 U-Net 生成器 """

    def __init__(self, input_nc, output_nc, num_downs, ngf=64, norm_layer
                =nn.BatchNorm2d, use_dropout=False):
        """
        参数：
            input_nc (int)    -- 输入图片的通道数
            output_nc (int) -- 输出图片的通道数
            num_downs (int) -- U-Net 下采样次数。例如，如果 |num_downs| == 7,
        图片的大小是 128×128，经过 7 次下采样后会变成 1×1
            ngf (int)           -- 特征图大小
            norm_layer          -- 归一化层

        从最里面的层开始逐步往外构建，这可以看成是一个递归操作
        """
        super(UnetGenerator, self).__init__()
        # 构建 U-Net 架构
        unet_block = UnetSkipConnectionBlock(ngf * 8, ngf * 8, input_
                    nc=None, submodule=None, norm_layer=norm_layer,
                    innermost=True) # 最内层
        for i in range(num_downs - 5): # 使用 ngf * 8 个 filters 添加中间层
            unet_block = UnetSkipConnectionBlock(ngf * 8, ngf * 8,
                        input_nc=None, submodule=unet_block, norm_
                        layer=norm_layer, use_dropout=use_dropout)
        # 主键将 filters 数量从 ngf * 8 降到 ngf
        unet_block = UnetSkipConnectionBlock(ngf * 4, ngf * 8, input_
                    nc=None, submodule=unet_block, norm_layer=norm_layer)
        unet_block = UnetSkipConnectionBlock(ngf * 2, ngf * 4, input_
                    nc=None, submodule=unet_block, norm_layer=norm_layer)
        unet_block = UnetSkipConnectionBlock(ngf, ngf * 2, input_nc=None,
                    submodule=unet_block, norm_layer=norm_layer)
        self.model = UnetSkipConnectionBlock(output_nc, ngf, input_nc=
                    input_nc, submodule=unet_block, outermost=True,
                    norm_layer=norm_layer)  # 最外层

    def forward(self, input):
        return self.model(input)
```

接下来初始化生成器，并打印出网络结构进行查看。代码如下：

```python
# 初始化 UNet-256。如果是 UNet-128，则下采样次数为 7
# Facade 数据集，输入输出都是 RGB 图像
netG = UnetGenerator(input_nc, output_nc, 8, ngf).to(device)
```

```
# 使用多个 GPU 处理
if (device.type == 'cuda') and (ngpu > 1):
    netG = nn.DataParallel(netG, list(range(ngpu)))

# 使用自定义的权重初始化函数
netG.apply(weights_init)

# 打印模型
print(netG)
```

为了方便阅读，下述代码省略了网络的参数及靠近中心的那些 UnetSkipConnectionBlock 层。

```
UnetGenerator(
  (model): UnetSkipConnectionBlock(
    (model): Sequential(
      (0): Conv2d ...
      (1): UnetSkipConnectionBlock(
        (model): Sequential(
          (0): LeakyReLU ...
          (1): Conv2d ...
          (2): BatchNorm2d ...
          (3): UnetSkipConnectionBlock(
            ...
          )
          (4): ReLU ...
          (5): ConvTranspose2d ...
          (6): BatchNorm2d ...
        )
      )
      (2): ReLU(inplace=True)
      (3): ConvTranspose2d ...

      (4): Tanh()
    )
  )
)
```

8.3.3　PatchGAN作为判别器

8.2 节提到 PatchGAN 的输出是一个 $N \times N$ 的矩阵，矩阵里每个数可以对应到原始图像中的一块区域。我们自然地想到可以使用卷积来实现一个 PatchGAN，为了实现任意大小感受野的 PatchGAN，下面定义一个 N 层的判别器。

```
class NLayerDiscriminator(nn.Module):
    def __init__(self, input_nc, ndf=64, n_layers=3, norm_layer=nn.
BatchNorm2d):
```

```
"""
构建 PatchGAN 判别器
n_layers=3 表示是 70×70 的 PatchGAN
"""
super(NLayerDiscriminator, self).__init__()
if type(norm_layer) == functools.partial:
    use_bias = norm_layer.func == nn.InstanceNorm2d
else:
    use_bias = norm_layer == nn.InstanceNorm2d

kw = 4
padw = 1
sequence = [nn.Conv2d(input_nc, ndf, kernel_size=kw, stride=2,
            padding=padw), nn.LeakyReLU(0.2, True)]
nf_mult = 1
nf_mult_prev = 1
for n in range(1, n_layers):    # 逐渐增加 filters 数量
    nf_mult_prev = nf_mult
    nf_mult = min(2 ** n, 8)
    sequence += [
        nn.Conv2d(ndf * nf_mult_prev, ndf * nf_mult, kernel_
                    size=kw, stride=2, padding=padw, bias=use_bias),
        norm_layer(ndf * nf_mult),
        nn.LeakyReLU(0.2, True)
    ]

nf_mult_prev = nf_mult
nf_mult = min(2 ** n_layers, 8)
sequence += [
    nn.Conv2d(ndf * nf_mult_prev, ndf * nf_mult, kernel_size=kw,
                stride=1, padding=padw, bias=use_bias),
    norm_layer(ndf * nf_mult),
    nn.LeakyReLU(0.2, True)
]

sequence += [nn.Conv2d(ndf * nf_mult, 1, kernel_size=kw, stride
                =1, padding=padw)]
self.model = nn.Sequential(*sequence)

def forward(self, input):
    return self.model(input)
```

通过控制 n_layers 可以得到不同大小感受野的 PatchGAN，当 n_layers=3 时，是 70×70 的 PatchGAN。和生成器一样，我们初始化判别器 PatchGAN 并打印它的结构，代码如下：

```
# 创建判别器
netD = PixelDiscriminator(input_nc+output_nc, ndf, 3).to(device)

# 使用多个 GPU 处理
if (device.type == 'cuda') and (ngpu > 1):
```

```
    netD = nn.DataParallel(netD, list(range(ngpu)))

# 应用 weights_init 函数随机初始化所有权重, mean= 0, stdev = 0.2
netD.apply(weights_init)

# 打印模型
print(netD)
```

输出结果如下:

```
NLayerDiscriminator(
  (model): Sequential(
    (0): Conv2d(6, 64, kernel_size=(4, 4), stride=(2, 2), padding=(1, 1))
    (1): LeakyReLU(negative_slope=0.2, inplace=True)
    (2): Conv2d(64, 128, kernel_size=(4, 4), stride=(2, 2), padding=(1,
1), bias=False)
    (3): BatchNorm2d(128, eps=1e-05, momentum=0.1, affine=True, track_
running_stats=True)
    (4): LeakyReLU(negative_slope=0.2, inplace=True)
    (5): Conv2d(128, 256, kernel_size=(4, 4), stride=(2, 2), padding=(1,
1), bias=False)
    (6): BatchNorm2d(256, eps=1e-05, momentum=0.1, affine=True, track_
running_stats=True)
    (7): LeakyReLU(negative_slope=0.2, inplace=True)
    (8): Conv2d(256, 512, kernel_size=(4, 4), stride=(1, 1), padding=(1,
1), bias=False)
    (9): BatchNorm2d(512, eps=1e-05, momentum=0.1, affine=True, track_
running_stats=True)
    (10): LeakyReLU(negative_slope=0.2, inplace=True)
    (11): Conv2d(512, 1, kernel_size=(4, 4), stride=(1, 1), padding=(1,
1))
  )
)
```

 ## 8.4 训练判别器和生成器

下面定义损失函数 BCEWithLogitsLoss 和 L1 正则化项 L1Loss,并为生成器和判别器创建 Adam 优化器。

```
# 初始化 BCEWithLogitsLoss 函数
criterion = nn.BCEWithLogitsLoss()

# 生成器的 L1 正则化项
criterionL1 = torch.nn.L1Loss()
```

```
# 定义训练期间真假图片的标签值
real_label = torch.tensor(1, dtype=torch.float, device=device)
fake_label = torch.tensor(0, dtype=torch.float, device=device)

# 为 G 和 D 创建 Adam 优化器
optimizerD = optim.Adam(netD.parameters(), lr=lr, betas=(beta1, 0.999))
optimizerG = optim.Adam(netG.parameters(), lr=lr, betas=(beta1, 0.999))
```

训练框架的代码如下：

```
# 记录训练的过程
img_list = []
G_losses = []
D_losses = []
iters = 0


# 取第一张图为固定的约束，以观察生成器的学习过程
fixed_A, fixed_B = None, None

netG.train()
netD.train()

print("Starting Training Loop...")
# 遍历数据集
for epoch in range(num_epochs):
    # 遍历真实数据中的每一个数据批
    for i, (real_A, real_B) in enumerate(dataloader, 0):

        real_A = real_A.to(device)
        real_B = real_B.to(device)

        if fixed_A is None:
            fixed_A = real_A[:1,:,:,:]
            fixed_B = real_B[:1,:,:,:]

        ###########################
        # (1) 更新判别器：最大化 log(D(x))+ log(1 - D(G(z)))
        ###########################
        ......

        ###########################
        # (2) 更新生成器：最大化 log(D(G(z)))
        ###########################
        ......

        # 保存训练时的损失，用于后续打印图形
        G_losses.append(errG.item())
        D_losses.append(errD.item())
```

```
        # 记录生成器将 fixed_noise 映射成了什么样的图片
        if (iters % 100 == 0) or ((epoch == num_epochs-1) and (i == len
(dataloader)-1)):
            with torch.no_grad():
                fake = netG(fixed_A).detach().cpu()
            #img_list.append(vutils.make_grid(fake, padding=2, normal
                            ize=True))
            img_list.append(fake)

        iters += 1

    # 输出训练状态
    print('[%3d/%3d] D_fake: %.4f  D_real: %.4f  G_GAN: %.4f  G_L1: %.4f'
        % (epoch+1, num_epochs,
            errD_fake.item(), errD_real.item(), errG_GAN.item(),
            errG_L1.item()))
```

训练与训练 GAN 不一样，在 pix2pix 模型中，不需要从标准正态分布中采样一个噪声向量，而是直接使用约束作为生成器的输入。因此，记录下第一张图片的约束 fixed_A，并在训练过程中每隔一段时间就用 fixed_A 来产生假图片，以此来观察 pix2pix 的训练过程。

8.4.1　更新判别器

我们首先定义两个函数，一是用于设置模型权重是否需要计算梯度的 set_requires_grad 函数。在训练生成器时，我们可以利用该函数设置判别器的权重的 requires_grad 参数为 False，这样可以减少计算量。代码如下：

```
def set_requires_grad(nets, requires_grad=False):
    """ 设置 requies_grad=False 以减少不必要的计算
    参数：
        nets (network list)    -- 网络列表
        requires_grad (bool)   -- 是否需要计算梯度
    """
    if not isinstance(nets, list):
        nets = [nets]
    for net in nets:
        if net is not None:
            for param in net.parameters():
                param.requires_grad = requires_grad
```

二是 make_label 函数，产生用于计算损失函数的标签。代码如下：

```
def make_label(prediction, target_is_real):
    if target_is_real:
        target_tensor = real_label
    else:
```

```
        target_tensor = fake_label
   return target_tensor.expand_as(prediction)
```

我们分别使用真实图片和生成器产生的假图片来更新判别器。首先，将约束 real_A 与真实图片 real_B 进行拼接得到 real_AB 作为判别器的输入，得到真实图片的预测结果 pred_real。其次，调用 make_label 函数来产生用于计算损失的标签，并计算得到判别器对真实数据的损失值 errD_real。最后，用判别器在约束 real_A 的监督下产生假图片 fake_B，得到判别器对假图片的损失 errD_fake。我们将两个损失值取平均得到最终判别器的损失 errD，并执行反向传播更新梯度。代码如下：

```
set_requires_grad(netD, True) # 需要计算 D 的梯度
netD.zero_grad()# 清空 D 的梯度

## 使用真实数据构建训练批
# 拼接图片和约束
real_AB = torch.cat((real_A, real_B), 1) # 拼接到高度
# 预测真实数据
pred_real = netD(real_AB)
# 制作用于计算损失的 label
label = make_label(pred_real, True)
# 计算真实数据的损失
errD_real = criterion(pred_real, label)


## 使用生成器产生的数据构建训练批
# 使用生成器产生假数据
fake_B = netG(real_A)
# 拼接假图片和约束
fake_AB = torch.cat((real_A, fake_B), 1) # 拼接到高度
# 通过将 fake_B 从计算图中剥离来隔断梯度传播到 G
pred_fake = netD(fake_AB.detach())
# 制作用于计算损失的 label
label = make_label(pred_fake, False)
# 计算假数据的损失
errD_fake = criterion(pred_fake, label)

# 合并损失，计算梯度
errD = (errD_real + errD_fake) * 0.5
errD.backward()

# 更新判别器
optimizerD.step()
```

8.4.2 更新生成器

生成器的更新较为简单，需要注意的是，更新不需要计算判别器的梯度，可以借助 set_requires_grad 函数来完成这一操作。生成器的损失由两部分构成，一个是假图片产生的损失 errG_GAN，一

个是 L1 正则化项 errG_L1。代码如下：

```
set_requires_grad(netD, False) # 不需要计算 D 的梯度
netG.zero_grad() # 清空生成器的梯度

# 首先生成假图片
fake_AB = torch.cat((real_A, fake_B), 1)
pred_fake = netD(fake_AB)
# 制作用于计算损失的 label，并计算损失
label = make_label(pred_fake, True) # 假数据在生成器看来是真实数据
errG_GAN = criterion(pred_fake, label)
# 计算 L1 正则化项
errG_L1 = criterionL1(fake_B, real_B) * lambda_L1
# 合并损失，计算梯度
errG = errG_GAN + errG_L1
errG.backward()
# 更新生成器
optimizerG.step()
```

至此，所有的准备工作已完成，可以开始训练模型了，在 notebook 中会打印出训练过程中各项损失的变化：

```
Starting Training Loop...
[   1/200] D_fake: 0.6351   D_real: 0.6533   G_GAN: 0.8750   G_L1: 37.5755
[   2/200] D_fake: 0.4012   D_real: 0.4565   G_GAN: 1.2655   G_L1: 38.3752
... ...
[199/200] D_fake: 0.8284   D_real: 0.1953   G_GAN: 2.2019   G_L1: 20.0335
[200/200] D_fake: 0.7424   D_real: 0.2208   G_GAN: 1.6969   G_L1: 20.1199
```

 8.5 根据立面结构生成房屋图片

在 img_list 中保存了训练的不同阶段，生成器产生的假图片，下面的代码可将其以轮播图的方式展示出来。

```
#%%capture
fig = plt.figure(figsize=(8,8))
plt.axis("off")
ims = [[plt.imshow(np.transpose(i,(1,2,0)), animated=True)] for i in
img_list]
ani = animation.ArtistAnimation(fig, ims, interval=1000, repeat_delay=
1000, blit=True)

HTML(ani.to_jshtml())
```

下面使用训练好的模型产生特定约束下的假图片，并与该约束下对应的真实图片进行对比。

```
def forwad_next():
    netG.eval()

    real_A, real_B = next(iter(dataloader))

    real_A, real_B = real_A.to(device), real_B.to(device)
    with torch.no_grad():
        fake_B = netG(real_A)

    return real_A.cpu(), real_B.cpu(), fake_B.detach().cpu()


# 生成假图
real_A, real_B, fake_B = forwad_next()
pairs = torch.cat((real_A, real_B, fake_B), dim=2)
pairs_img = np.transpose(vutils.make_grid(pairs[:5], padding=2,
normalize=True).cpu(),(1,2,0))

# 打印真实图片
plt.figure(figsize=(15,15))
plt.axis("off")
plt.title("Real/Fake Images")
plt.imshow(pairs_img)
```

输出结果如图 8-6 所示。

图8-6　生成结果

输出分为三行：第一行为约束，第二行为建筑物真实图片，第三行为生成器产生的假图片。

 ## 黑白图片自动上色

本章提供的 pix2pix 代码适用于所有图到图翻译任务，除了从建筑物立面结构生成真实建筑之外，通过替换数据集还可以完成给黑白图片上色的功能。因此，读者可以创建一个自己的黑白 -

彩色图片的数据集。可以先找一些彩色图片，将它们缩放到特定尺寸，比如 256 × 256，接着使用 PyTorch 的 transforms.Grayscale 图片处理器产生黑白图片。在这样的设置下，约束是黑白图片，真实图片是彩色图片，接着就可以用这些数据来训练 pix2pix。

本章提供的 gen_transform 已支持将彩色图片转为黑白图片，因此可以基于本章提供的数据集、代码生成一套黑白 - 彩色图片数据集：

```
class GrayDataset(torch.utils.data.Dataset):
    def __init__(self, root, phase='train', max_dataset_size=float('inf')):
        self.dir_AB = os.path.join(root, phase)  # get the image directory
        self.AB_paths = sorted(make_dataset(self.dir_AB, max_dataset_size))
# get image paths

        # 生成 A 和 B 的图片处理器，A 为彩色，B 为黑白
        self.A_transform = gen_transform(grayscale=false)
        self.B_transform = gen_transform(grayscale=true)

    def __getitem__(self, index):
        """
        """
        # 从文件中加载出图片
        AB_path = self.AB_paths[index]
        im = Image.open(AB_path).convert('RGB')

        # im 的左边为彩色的真实建筑 A，以此可生成黑白的彩色建筑 B
        w, h = im.size
        w2 = int(w / 2)
        im = im.crop((0, 0, w2, h))
        A = self.A_transform(im)
        B = self.B_transform(im)
        return A, B

    def __len__(self):
        return len(self.AB_paths)
```

用 GrayDataset 替换本章的 AlignedDataset，后续的模型训练的所有流程都不变，即可对黑白的图片完成上色。

8.7 总结

本章介绍了 GAN 的一种变种模型——条件生成对抗网络（cGAN），并介绍和实现了 pix2pix 模型。pix2pix 模型几乎可以用于任何图到图翻译任务，本章提供的代码具有非常高的可扩展性，读者可以基于本章代码完成其他图到图的翻译任务，如超分辨率任务。

第9章

Neural-Style与图像风格迁移

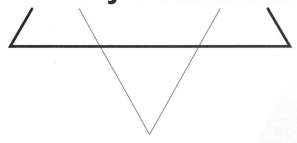

　　图像风格迁移是指将图像的图像转换为另一种
"风格"图像。该技术在软件 Prisma 上得到广泛应用，
随后各大相机软件甚至 QQ 都推出了该功能，它被放
在了"滤镜"分类下。风格迁移通过将艺术家作画的
风格，融入用户拍摄的日常照片中，以得到非常绚丽
的图像，深受用户喜爱。本章将介绍这项技术背后的
基本原理，主要介绍 Neural-Style 算法，还会使用
PyTorch 实现风格迁移应用。

9.1　理解图像风格迁移算法

如图 9-1 所示，（a）为原图，（b）为风格图，如果将图 9-1（a）按图 9-1（b）的风格迁移，将会得到一个融合图，如图 9-1（c）所示。

（a）原图　　　　　　　　（b）风格图　　　　　　　（c）融合图

图9-1　风格迁移效果

9.1.1　传统风格迁移

为了理解神经网络图像风格迁移算法，需要理解风格迁移的一些历史。不同的图像风格之间没有明确界限，没有量化的指标，所以用计算机来确定某张图像的风格是一件很难的事情。在早期研究中，在神经网络成为主流方法之前，要实现风格迁移，有一个共同的思路：首先分析某一类风格的图像，然后对该类图像建立数学统计模型，最后修改输入图像使得它更加符合这个统计模型。

图 9-2、9-3 展示了使用统计模型方法，将白天风格的图像转移到夜晚、日落风格的效果。这类方法有一个缺点，即只能将特定风格或场景的图片，迁移到特定风格。因而，传统方法的实际应用范围非常有限，无法得到广泛应用。

图9-2　白天（左）风格迁移到夜晚（右）

图9-3　白天（左）风格迁移到日落（右）

9.1.2 Neural-Style算法原理

Neural-Style 或者称 Neural-Transfer 算法，是第一个基于神经网络的图像风格迁移算法，由 Leon A. Gatys 等于 2015 年提出。Neural-Style 算法的出现，改变了当时风格迁移的研究现状。因为在此之前，要计算机模仿任意一张图片的风格去画另外一张图片是不可能实现的。

Neural-Style（风格迁移）算法接收三张图片：原始图（输入图片）、内容图和风格图。算法输出的图片将与内容图相似但同时具备风格图的风格。算法定义了两个损失：用于衡量当前图片 X，与内容图在内容上的差距——内容损失 D_C、与风格图在风格上的差距——风格损失 D_S。通过调整图片 X，使得两个损失的加权之和最小，经过若干次梯度下降后，最终 X 就是算法输出。算法的核心在于如何计算两个损失，也就是如何使用计算机来量化一张图片的"内容"和"风格"。

在深度学习尤其是卷积神经网络 2014 年左右发展起来之后，例如，VGG19 这样的 CNN 模型拥有多层结构，其中每一层都利用上一层的输出来进一步提取更多的特征，最后就可以完成一些下游任务，如图像分类任务。随着更加深入的研究，模型中的每一个卷积层都可以看成是很多个局部特征提取器。使用 VGG19 的 conv1_1、conv2_1、conv3_1、conv4_1、conv5_1 的特征图重构图片，得到图 9-4 中的（a）~（e）。观察可以发现：浅层网络的输出［图 9-4 中的（a）、（b）、（c）］更加贴合原图，在细节上，如形状、颜色，与原始图相差不大；深层网络的输出［图9-4 中的（d）、（e）］虽然丢失了很多细节信息，如颜色变了，形状变了，但保留了高层语义信息。所以可以用浅层网络输出的特征图来表示图像的"内容"，用深层网络输出的特征图表示图像的"风格"。

原始图

（a）　　　　（b）　　　　（c）　　　　（d）　　　　（e）

图9-4　VGG19从特征图还原出的图片

那么，如何计算内容损失呢？对于某张图片 X，将其输入 VGG19 中后，假设卷积层 L 有 N_L 个卷积核，特征图大小为 M_L，其中 M_L 为特征图被"压扁"成向量后的大小，也就是宽度 × 高度，并且假设"压扁"后的特征图为 F_{XL}，所以 $F_{XL} \in \mathbb{R}^{N_L \times M_L}$。同理，可以求得内容图在该层的"压扁"特征图为 $F_{CL} \in \mathbb{R}^{N_L \times M_L}$，那么就可以定义该层的内容损失为

$$\mathcal{L}_{\text{content}}(X, C, L) = \| F_{XL} - F_{CL} \|^2$$

注意，内容图是不变的，所以 F_{CL} 是常量。

接下来我们计算风格损失，风格损失的计算方式与内容损失稍有差异。为了计算风格损失，需要计算特征图的 Gram 矩阵来量化一张图片的风格，如图 9-5 所示。因为网络深层特征图只保留了高阶语义信息，但并不能很好地表示一张图片的风格。Gram 矩阵的计算方式也比较简单，假设图像 X 在第 L 个卷积层的"压扁"特征图为 F_{XL}，那么其 Gram 矩阵为其与自身转置做矩阵乘法后得到的矩阵，即

$$G_{XL} = \frac{1}{N_L \times M_L} \cdot F_{XL} \times (F_{XL})^{\text{T}}, G_{XL} \in \mathbb{R}^{N_L \times N_L}$$

原始图

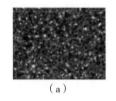 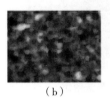   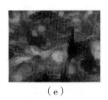

（a） （b） （c） （d） （e）

图9-5　利用Gram矩阵重构出风格图

Gram 矩阵的含义是计算不同卷积核之间的交互，以此来表示图像的纹理信息。同理可计算风格图的特征图的 Gram 矩阵为 $G_{CL} \in \mathbb{R}^{N_L \times N_L}$，所以该层的风格损失为

$$\mathcal{L}_{\text{style}}(X, S, L) = \| G_{XL} - G_{SL} \|^2$$

因为对于每一个卷积层都可以计算内容损失和风格损失，所以可以将损失加权求和得到总的内容损失和风格损失，即

$$\mathcal{L}_{\text{content}}(X,C) = \sum w_L \mathcal{L}_{\text{content}}(X,C,L)$$

$$\mathcal{L}_{\text{style}}(X,S) = \sum w_L \mathcal{L}_{\text{style}}(X,S,L)$$

整个网络的损失又可以进行加权求和，所以总损失为

$$\mathcal{L}_{\text{total}}(X,D,S) = \alpha \mathcal{L}_{\text{content}}(X,C) + \beta \mathcal{L}_{\text{style}}(X,S)$$

在给定内容图 D 和风格图 S 后，首先随机生成一张图片 X，接着对损失函数执行梯度更新算法，不断调整 X，经过若干次迭代后，就可以得到风格迁移后的图像了。Neural-Style 算法的效果如图 9-6 所示。

图9-6　Neural-Style风格迁移算法效果

 ## 9.2　加载图像

首先导入要用到的包，其中 PIL、matplotlib 用来加载和可视化图像。因为要使用 torchvision 的预训练模型，需要使用 torchvision.transforms 来对图像进行预处理。代码如下：

```
from __future__ import print_function

import torch
import torch.nn as nn
import torch.nn.functional as F
import torch.optim as optim

from PIL import Image
import matplotlib.pyplot as plt

import torchvision.transforms as transforms
import torchvision.models as models

import copy
import os
```

然后使用下述代码能够在 CPU 和 GPU 设备之间切换。当 GPU 可用时，就使用 GPU。当有大量图片需要进行风格迁移时，最好使用 CPU 加速。

```
device = torch.device("cuda" if torch.cuda.is_available() else "cpu")
```

接下来就可以加载内容图和风格图了。原始 PIL 图像的像素值为 0～255，但是在转成 Tensor 时，数值会被自动归一化到 0～1。当然，两张图像的大小需要被缩放成一样大。需要注意的是，视觉工具包 torchvision 的预训练模型使用的 Tensor 值是 0～1。所以如果输入了值为 0～255 的 Tensor，那么模型就会失效，也就无法完成风格迁移。使用 Caffe 预训练的模型，输入值是 0～255。

```
# 设置输出图片的大小
imsize = 512 if torch.cuda.is_available() else 128   # 无 GPU 时，耗时会少一些

loader = transforms.Compose([
    transforms.Resize(imsize),    # 最小边缩放，并非 imsize×imsize
    transforms.ToTensor()])       # 转成 Tensor

def image_loader(image_name):
    image = Image.open(image_name)
    # 打包成 batch（实际上只有一张图片）以符合神经网络的输入维度
    image = loader(image).unsqueeze(0)
    return image.to(device, torch.float)

style_img = image_loader("./data/images/neural-style/picasso.jpg")
content_img = image_loader("./data/images/neural-style/dancing.jpg")

assert style_img.size() == content_img.size(), \
    "内容图和风格图的大小必须一致"
```

下面编写 imshow 函数来查看加载的图片。因为 style_img 和 content_img 是 Tensor，所以需要将其转成 PIL 图像才能调用 plt.imshow 函数进行查看。可视化可以帮我们确保加载的图像是正确的。

```
unloader = transforms.ToPILImage()   # 将 Tensor 还原成 PIL 图像用于展示
plt.ion()

def imshow(tensor, title=None):
    image = tensor.cpu().clone()   # 复制图像，避免修改
    image = image.squeeze(0)        # 从 batch 中提取出来
    image = unloader(image)
    plt.imshow(image)
    if title is not None:
        plt.title(title)
    plt.pause(0.001)

plt.figure()
imshow(style_img, title='Style Image')

plt.figure()
imshow(content_img, title='Content Image')
```

输出结果如图 9-7 所示。

图9-7　输出结果

9.3　定义损失模块

9.3.1　内容损失模块

内容损失用来表示输出图像与内容图在"内容"上的损失。因为需要在 VGG 的很多个卷积层上都计算内容损失，所以这里将内容损失定义为一个网络模块。该层将 VGG 中第 L 个卷

积层输出的特征图 F_{XL} 作为输入，计算内容图 C 与模型输入 X 在第 L 个卷积层的内容损失为 $\mathcal{L}_{\text{content}}(X,C,L) = \| F_{XL} - F_{CL} \|^2$。其中 F_{CL} 是内容图在该层的特征图，是需要事先知道的，下述代码将其传入构造函数，并且使用 detach 函数将其变为常量。损失值的计算使用均方误差，也可以使用 nn.MSELoss 计算获得。

```
class ContentLoss(nn.Module):

    def __init__(self, target,):
        super(ContentLoss, self).__init__()
        # target 为内容图特征 F_C
        # detach 将 target 从计算图中摘下来，防止计算梯度
        # 因为 target 在本 Module 内是一个常量，而不是一个变量，不需要计算梯度
        # 如果不调用 detach，那么在梯度下降计算损失值时会抛出错误
        self.target = target.detach()

    def forward(self, input):
        # input 为训练/预测图特征 F_X
        self.loss = F.mse_loss(input, self.target)
        return input
```

再次注意，上述代码并不是定义了一个严格意义上的"损失函数"，而只是一个网络模块。如果定义为损失函数，还需要实现 backward 函数。

我们将 ContentLoss 层直接加在卷积层后面，用于计算内容损失。那么在正向传播时，可以自动计算图片与内容图在该层的内容损失值。由于 PyTorch 的自动求导机制，它的梯度也会被自动计算出来（后续代码将会把 self.loss 加起来作为损失函数）。为了让 ContentLoss 层不影响 VGG19 的正常运行，我们需要将模块设计为透明的，所以 forward 函数返回该层的输入。计算出来的损失值被放到了 loss 中，将该模块插入到 VGG 中后，对所有 ContentLoss 层的 loss 加权求和，即可得到总的内容损失值。

9.3.2 风格损失模块

风格损失模块的编写与内容损失模块类似，它放到 VGG 中也是透明的。为了计算风格损失，需要先计算 Gram 矩阵，它可以在一定程度上量化图像的"风格"。下述代码展示了如何计算 Gram 矩阵。首先将第 L 个卷积层输出的特征图进行量化，即"压扁"成 $F_{XL} \in \mathbb{R}^{N_L \times M_L}$，其中 N_L 为通道数，M_L 为向量化后特征图的大小。Gram 矩阵的计算公式为 $G_{XL} = \frac{1}{N_L \times M_L} \cdot F_{XL} \times (F_{XL})^{\mathsf{T}}$，除以元素数量 $N_L \times M_L$ 是为了归一化数据，防止当 M_L 太大时，Gram 矩阵中会有比较大的值，这会导致梯度不太好下降。风格损失模块通常会加在 VGG 比较深的卷积层之后，所以归一化是很重要的。

```
def gram_matrix(input):
```

```
a, b, c, d = input.size()   # a 为 batch size(=1)
# b 为通道数
# (c,d) 为特征图大小 (N=c*d)

features = input.view(a * b, c * d)   # 将 F_XL 重新排列成 \hat F_XL

G = torch.mm(features, features.t())   # 计算 Gram 矩阵

# 将 Gram 矩阵除以元素总数，达到归一化目的
return G.div(a * b * c * d)
```

将风格使用 Gram 矩阵量化以后，我们就可以计算风格图与输出图像的 Gram 矩阵的均方误差。代码如下：

```
class StyleLoss(nn.Module):

    def __init__(self, target_feature):
        super(StyleLoss, self).__init__()
        self.target = gram_matrix(target_feature).detach()

    def forward(self, input):
        G = gram_matrix(input)
        self.loss = F.mse_loss(G, self.target)
        return input
```

9.4 导入预训练模型

使用 torchvision 库可以很方便地导入 VGG19 预训练模型，下述代码中的 device 是在 9.2 节中获得的设备。

```
cnn = models.vgg19(pretrained=True).features.to(device).eval()
```

此处导入的模型有两个 nn.Sequential 子模块：features 和 Classifier。其中，features 包含卷积层和池化层，classifier 包含全连接层。因为只在卷积层后插入损失模块，并且有些层在训练和评估模式的行为是不一样的，所以我们把 features 子模块切换到评估模式。

另外，VGG 网络在训练时，对每个通道进行了归一化处理，所以在把图像送入 VGG 之前，也要对图像做相应的处理。下述代码可以帮助我们完成这一操作。

```
cnn_normalization_mean = torch.tensor([0.485, 0.456, 0.406]).to(device)
cnn_normalization_std = torch.tensor([0.229, 0.224, 0.225]).to(device)
```

```
# 创建一个模块来规范化输入图像
# 这样就可以轻松地将它放入 nn.Sequential 中
class Normalization(nn.Module):
    def __init__(self, mean, std):
        super(Normalization, self).__init__()
        # 图像 tensor 的 shape 为 [B x C x H x W]
        # B 是 batch size，C 是通道数，H 是高，W 是宽
        self.mean = torch.tensor(mean).view(-1, 1, 1) # shape [C x 1 x 1]
        self.std = torch.tensor(std).view(-1, 1, 1) # shape [C x 1 x 1]

    def forward(self, img):
        # 归一化图
        return (img - self.mean) / self.std
```

VGG 模块的 features 里包含卷积层和池化层，具体来说就是 Conv2d、ReLU、MaxPool2d、Conv2d、ReLU……这样的顺序。为了将损失模块 ContentLoss 和 StyleLoss 插入到模型中，需要构建一个新的 nn.Sequential 网络模块。代码如下：

```
# 需要添加内容损失、风格损失的卷积层
content_layers_default = ['conv_4']
style_layers_default = ['conv_1', 'conv_2', 'conv_3', 'conv_4', 'conv_5']

def get_style_model_and_losses(cnn, normalization_mean, normalization_std,
                               style_img, content_img, content_layers=
                               content_layers_default, style_layers=
                               style_layers_default):
    cnn = copy.deepcopy(cnn)

    # 归一化
    normalization = Normalization(normalization_mean, normalization_
                    std).to(device)

    # 记录已插入的损失模块
    content_losses = []
    style_losses = []

    # 假设参数 cnn 是 nn.Sequential，我们基于 cnn 来创建一个新的 nn.Sequential
    # 按顺序遍历 cnn 的层，在需要插入损失模块的层后面
    # 插入损失函数即可构成新的 nn.Sequential
    model = nn.Sequential(normalization)

    i = 0 # 记录经过的卷积层数量
    for layer in cnn.children():
        if isinstance(layer, nn.Conv2d):
            i += 1
            name = 'conv_{}'.format(i)
        elif isinstance(layer, nn.ReLU):
            name = 'relu_{}'.format(i)
```

```
            # 不使用 inplace
            layer = nn.ReLU(inplace=False)
        elif isinstance(layer, nn.MaxPool2d):
            name = 'pool_{}'.format(i)
        elif isinstance(layer, nn.BatchNorm2d):
            name = 'bn_{}'.format(i)
        else:
            raise RuntimeError('Unrecognized layer: {}'.format(layer.__
                        class__.__name__))

        model.add_module(name, layer)

        if name in content_layers:
            # 添加内容损失
            target = model(content_img).detach()
            content_loss = ContentLoss(target)
            model.add_module("content_loss_{}".format(i),content_loss)
            content_losses.append(content_loss)

        if name in style_layers:
            # 添加风格损失
            target_feature = model(style_img).detach()
            style_loss = StyleLoss(target_feature)
            model.add_module("style_loss_{}".format(i), style_loss)
            style_losses.append(style_loss)

    # 将没有损失模块的部分删除掉
    # 并不会优化网络参数，而是优化图像 X
    for i in range(len(model) - 1, -1, -1):
        if isinstance(model[i], ContentLoss) or isinstance(model[i],
StyleLoss):
            break

    model = model[:(i + 1)]

    return model, style_losses, content_losses
```

现在随机生成一个图片 X，并查看该图片，此处也可以直接用内容图。

```
input_img = content_img.clone()
# 如果使用随机图片，则使用下面的代码
# input_img = torch.randn(content_img.data.size(), device=device)

plt.figure()
imshow(input_img, title='Input Image')
```

输出结果如图 9-8 所示。左图为复制的内容图，右图为随机图片（噪声图）。

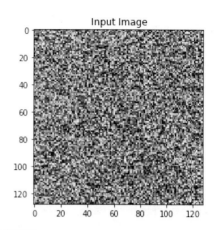

图9-8　输出结果

9.5　使用L-BFGS进行梯度下降

我们现在选择一个优化器来进行梯度下降，以训练模型。对于本章所介绍的模型，Gatys 做了大量实验发现 L-BFGS 优化器的效果最佳。L-BFGS 优化方法具有收敛速度快和内存开销少的特点。此外，我们并不是优化网络结构，而是优化输入的图片 X。所以将输入的图片 Tensor 设置为需要求导，再使用 PyTorch 的 optim.LBFGS 优化器进行优化即可。

```
def get_input_optimizer(input_img):
    # 设置图片需要求导
    optimizer = optim.LBFGS([input_img.requires_grad_()])
    return optimizer
```

接下来我们定义一个函数用来进行风格迁移。在每次迭代过程中，将当前图片传入网络，计算得到新的内容损失和风格损失。在损失值上调用 backward 函数来计算图片的梯度。优化器需要一个"closure"函数，用于重新评估得分和返回损失值。

```
def run_style_transfer(cnn, normalization_mean, normalization_std,
                       content_img, style_img, input_img, num_steps=300,
                       style_weight=1000000, content_weight=1):
    """ 运行风格迁移 """
    print(' 构建风格迁移模型 ..')
    model, style_losses, content_losses = get_style_model_and_losses(cnn,
normalization_mean, normalization_std, style_img, content_img)
    optimizer = get_input_optimizer(input_img)

    print(' 梯度下降 ...')
```

```
run = [0]
while run[0] <= num_steps:

    def closure():
        # 更正更新后图片的值为 0~1
        input_img.data.clamp_(0, 1)

        optimizer.zero_grad()
        model(input_img)
        style_score = 0
        content_score = 0

        for sl in style_losses:
            style_score += sl.loss
        for cl in content_losses:
            content_score += cl.loss

        style_score *= style_weight
        content_score *= content_weight

        loss = style_score + content_score
        loss.backward()

        run[0] += 1
        if run[0] % 50 == 0:
            print("run {}:".format(run))
            print('Style Loss : {:4f} Content Loss: {:4f}'.format(
                style_score.item(), content_score.item()))
            print()

        return style_score + content_score

    optimizer.step(closure)

# 最后一次更新
input_img.data.clamp_(0, 1)

return input_img
```

9.6 训练自己的风格

接下来就可以进行风格迁移了，首先对样例图像进行风格迁移。代码如下：

```
output = run_style_transfer(cnn, cnn_normalization_mean,
```

```
cnn_normalization_std, content_img, style_img, input_img, num_steps=300)

plt.figure()
imshow(output, title='Output Image')

# sphinx_gallery_thumbnail_number = 4
plt.ioff()
plt.show()
```

输出结果如下，输出图片如图 9-9 所示。

```
Optimizing..
run [50]:
Style Loss : 95.789513 Content Loss: 17.908407

run [100]:
Style Loss : 23.421560 Content Loss: 15.986853

run [150]:
Style Loss : 9.474959 Content Loss: 14.163564

run [200]:
Style Loss : 5.003670 Content Loss: 12.434919

run [250]:
Style Loss : 3.306560 Content Loss: 11.014250

run [300]:
Style Loss : 2.614816 Content Loss: 9.938996
```

图9-9

如果要训练自己的风格，则只需要替换 style_img，再重新运行一次网络即可。

9.7 总结

　　本章从风格迁移的传统算法和基于神经网络的方法入手，介绍了风格迁移的发展简史，并分析了现代神经网络风格迁移的核心内容：内容损失和风格损失。接着使用 PyTorch 实现了 Neural-Style 风格迁移算法，并对代码进行了全方位详细介绍。

第10章

对抗机器学习和欺骗模型

　　本章将介绍机器学习和深度学习模型中安全漏洞的相关知识，也就是对抗机器学习（Adversarial Machine Learning，AML）。在本章你会发现，训练好的深度学习模型即便拥有很高的准确率，在面对对抗样本的攻击时也会经常做出错误的判断。在人类看来，对抗样本与真实的样本没有太大差别。但是对于模型来说，它们之间却有天差地别。本章首先介绍对抗机器学习的原理，接着用目前比较流行的一种攻击方式，即快速梯度符号法（Fast Gradient Sign Method，FGSM）来攻击一个 MNIST 分类器。

模型的潜在威胁

正如程序可能存在漏洞一样，机器学习和深度学习模型也存在安全漏洞。目前深度学习是不可解释的，相当于一个黑盒，所以人们通常难以察觉到这种漏洞。对抗机器学习这一领域专门研究如何找到模型的漏洞，以及利用漏洞来攻击模型的方法。对抗机器学习通过生成对抗样本（Adversarial Example）来误导模型以达到欺骗的效果。研究发现，神经网络远比我们想象的要脆弱，对抗样本通常对原始样本进行少量改动就可以达到欺骗模型的效果，例如，只改动图像的一个像素点模型就会做出错误的判断。这样的改动几乎不影响人类对图像的判断，而对于模型来说却是一种巨大的扰动，大到足以让模型会做出错误的判断。由此可见，对抗样本是人工合成的而非自然样本，这对模型而言是一种潜在的威胁，因为模型在训练时并未学到人工合成的特征。反过来，利用对抗机器学习生成的样本也可以达到提高模型泛化性能的效果。

攻击方式按照攻击者对于模型的认知可以大致分为两种：白盒攻击和黑盒攻击。在白盒攻击下，攻击者可以看到模型的所有细节，例如，模型结构和权重，以及训练方式等。在黑盒攻击下，攻击者只能看到模型的输入和输出，而对模型的内部细节一无所知。此外，还可以按照攻击的目的分为错误分类和源/目标错误分类。前者是指攻击者只希望模型错误地分类某一类样本，并不关心错误分为了哪一类。后者是希望将某一类样本错误地分类到另外一个特定类别，即将源类别分类到目标类别。不论如何分类，对抗机器学习的目标总是希望向输入数据中添加最少的扰动，以引起模型对于该数据的错误分类，从而达到攻击模型的效果。

10.2 快速梯度符号法

快速梯度符号法（Fast Gradient Sign Method，FGSM）于 2015 年由 Goodfellow 等提出，是一种简单、快速但非常有效的对抗样本生成方法，也是目前较为流行的攻击方法之一。Goodfellow 等研究发现，通过故意地在输入样本中添加精心设置的较小的扰动，会导致模型以较大的置信度错误分类该样本。图 10-1 展示了 FGSM 生成的对抗样本及原理，其中，x 表示原始样本，模型将该样本分类为"熊猫"，并且置信度为 57.7%。FGSM 算法通过在样本中加入一个扰动值 $\eta = \epsilon \mathrm{sign}\left(\nabla_x J\left(\theta, x, y\right)\right)$ 来得到最终的对抗样本 $x + \eta$，我们在之后会详细介绍如何计算该扰动值。在人类看来，这张图片几乎没有太大的变化，仍然是一只熊猫。但是模型却将这张图片分类为"长臂猿"，并且置信度为 99.3%。这对模型来说是一种非常致命的攻击，在 FGSM 的作用下，模型几乎失去了对熊猫分类的能力。

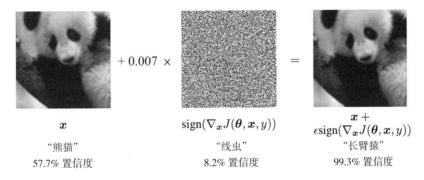

图10-1 FGSM生成的对抗样本以及原理

在扰动值 $\eta = \epsilon\,\mathrm{sign}\big(\nabla_x J(\theta, x, y)\big)$ 中，$\nabla_x J(\theta, x, y)$ 其实就是模型对于样本产生的梯度，其中 J 表示损失函数，θ 是网络权重，x 为原始输入，y 为真实标签，ϵ 为扰动大小。在上述例子中 $\epsilon = 0.007$，sign 则是符号函数，该函数是一个分段函数，即

$$\mathrm{sign}(x) = \begin{cases} -1, & x < 0 \\ 0, & x = 0 \\ 1, & x > 0 \end{cases}$$

10.3 攻击一个图像识别模型

本节利用快速梯度符号法来生成对抗样本，并用它来攻击 LeNet 图像识别模型。

10.3.1 被攻击的模型

首先引入所需的 PyThon 包，代码如下：

```
from __future__ import print_function
import torch
import torch.nn as nn
import torch.nn.functional as F
import torch.optim as optim
from torchvision import datasets, transforms
import numpy as np
import matplotlib.pyplot as plt
```

在 FGSM 算法中存在一个控制扰动力度的参数 ϵ，该参数可以控制扰动的力度，ϵ 越大则扰动力度越大，模型更容易做出错误的判断。我们将测试七组不同的 ϵ 值，包括 $\epsilon = 0$ 的情况。$\epsilon = 0$ 表示不加入任何扰动。我们使用在 MNIST 数据集上预训练好的模型，这样的模型在识别数字图像方面具有更好的鲁棒性和泛化性能，可以很好地检测攻击效果。

```
epsilons = [0, .05, .1, .15, .2, .25, .3]
pretrained_model = "data/lenet_mnist_model.pth"
use_cuda=True
```

接下来定义一个 LeNet 模型，并将预训练模型的权重加载到该网络中。

```
# 定义 LeNet 模型
class Net(nn.Module):
    def __init__(self):
        super(Net, self).__init__()
        self.conv1 = nn.Conv2d(1, 10, kernel_size=5)
        self.conv2 = nn.Conv2d(10, 20, kernel_size=5)
        self.conv2_drop = nn.Dropout2d()
        self.fc1 = nn.Linear(320, 50)
        self.fc2 = nn.Linear(50, 10)

    def forward(self, x):
        x = F.relu(F.max_pool2d(self.conv1(x), 2))
        x = F.relu(F.max_pool2d(self.conv2_drop(self.conv2(x)), 2))
        x = x.view(-1, 320)
        x = F.relu(self.fc1(x))
        x = F.dropout(x, training=self.training)
        x = self.fc2(x)
        return F.log_softmax(x, dim=1)

# 声明 MNIST，测试数据集和数据加载
test_loader = torch.utils.data.DataLoader(
    datasets.MNIST('../data', train=False, download=True, transform=
transforms.Compose([
            transforms.ToTensor(),
            ])),
        batch_size=1, shuffle=True)

# 定义正在使用的设备
print("CUDA Available: ",torch.cuda.is_available())
device = torch.device("cuda" if (use_cuda and torch.cuda.is_available())
                        else "cpu")

# 初始化网络
model = Net().to(device)

# 加载已经预训练的模型
model.load_state_dict(torch.load(pretrained_model, map_location='cpu'))

# 在评估模式下设置模型。在这种情况下，适用于 Dropout 层
model.eval()
```

输出结果如下：

```
Downloading http://yann.lecun.com/exdb/mnist/train-images-idx3-ubyte.gz
to ../data/MNIST/raw/train-images-idx3-ubyte.gz
Extracting ../data/MNIST/raw/train-images-idx3-ubyte.gz
Downloading http://yann.lecun.com/exdb/mnist/train-labels-idx1-ubyte.gz
to ../data/MNIST/raw/train-labels-idx1-ubyte.gz
Extracting ../data/MNIST/raw/train-labels-idx1-ubyte.gz
Downloading http://yann.lecun.com/exdb/mnist/t10k-images-idx3-ubyte.gz
to ../data/MNIST/raw/t10k-images-idx3-ubyte.gz
Extracting ../data/MNIST/raw/t10k-images-idx3-ubyte.gz
Downloading http://yann.lecun.com/exdb/mnist/t10k-labels-idx1-ubyte.gz
to ../data/MNIST/raw/t10k-labels-idx1-ubyte.gz
Extracting ../data/MNIST/raw/t10k-labels-idx1-ubyte.gz
Processing...
Done!
CUDA Available:  True
```

10.3.2　FGSM算法

本节实现 FGSM 算法的核心部分，定义一个函数 fgsm_attack，输入三个参数：原始图像、扰动力度及模型梯度，输出扰动值 $\eta = \epsilon \mathrm{sign}(\nabla_x J(\theta, x, y))$。需要注意的是，在得到对抗样本后，需要将样本内的数值框定在 [0,1] 这一范围内，这是因为在 LeNet 模型中图像的输入范围为 [0,1]，所以对抗样本的输入范围也应当在这之内。

```
# FGSM 算法攻击代码
def fgsm_attack(image, epsilon, data_grad):
    # 收集数据梯度的元素符号
    sign_data_grad = data_grad.sign()
    # 通过调整输入图像的每个像素来创建扰动图像
    perturbed_image = image + epsilon*sign_data_grad
    # 添加剪切以维持 [0,1] 范围
    perturbed_image = torch.clamp(perturbed_image, 0, 1)
    # 返回被扰动的图像
    return perturbed_image
```

10.4　开始攻击

至此，攻击的准备工作都已经完成了，现在需要实现攻击的流程，并执行攻击，然后查看攻击的结果。

10.4.1 攻击流程

由于需要测试不同力度的扰动，因此我们可以定义一个 test 函数来执行特定扰动力度的攻击。下面是 test 函数的实现代码。

```
def test( model, device, test_loader, epsilon ):

    # 精度计数器
    correct = 0
    adv_examples = []

    # 循环遍历测试集中的所有示例
    for data, target in test_loader:

        # 把数据和标签发送到设备
        data, target = data.to(device), target.to(device)

        # 设置张量的 requires_grad 属性，这对于攻击很关键
        data.requires_grad = True

        # 通过模型前向传递数据
        output = model(data)
        init_pred = output.max(1, keepdim=True)[1]
                                # 获取最大对数概率的索引

        # 如果初始预测是错误的，不用打断攻击，继续进行攻击
        if init_pred.item() != target.item():
            continue

        # 计算损失
        loss = F.nll_loss(output, target)

        # 将所有现有的渐变归零
        model.zero_grad()

        # 计算反向传递模型的梯度
        loss.backward()

        # 收集 datagrad
        data_grad = data.grad.data

        # 唤醒 FGSM 进行攻击
        perturbed_data = fgsm_attack(data, epsilon, data_grad)

        # 重新分类受扰动的图像
        output = model(perturbed_data)

        # 检查是否成功
```

```
        final_pred = output.max(1, keepdim=True)[1]
                                # 获取最大对数概率的索引
        if final_pred.item() == target.item():
            correct += 1
            # 保存 0 epsilon 示例的特例
            if (epsilon == 0) and (len(adv_examples) < 5):
                adv_ex = perturbed_data.squeeze().detach().cpu().numpy()

                adv_examples.append( (init_pred.item(), final_pred.
                                    item(), adv_ex) )
        else:
            # 稍后保存一些用于可视化的示例
            if len(adv_examples) < 5:
                adv_ex = perturbed_data.squeeze().detach().cpu().numpy()

                adv_examples.append( (init_pred.item(), final_pred.
                                    item(), adv_ex) )

    # 计算这个 epsilon 的最终准确率
    final_acc = correct/float(len(test_loader))
    print("Epsilon: {}\tTest Accuracy = {} / {} = {}".format(epsilon,
            correct, len(test_loader), final_acc))

    # 返回准确性和对抗性示例
    return final_acc, adv_examples
```

test 函数的工作流程如下, 首先遍历测试集中的样本, 将该样本输入模型中进行预测, 得到原始样本的预测结果 init_pred。由于我们要对正确的预测进行攻击, 所以若此时预测结果就是错误的, 那就跳过该样本。需要注意的是, 我们需要手动设置样本张量的 requires_grad 为 True, 否则模型不会计算样本的梯度。接着我们计算出该样本的损失值并求得样本的梯度 data_grad, 该梯度将用于计算 FGSM 的扰动值。我们调用预先定义好的 fgsm_attack 函数生成对抗样本, 并用模型对其进行预测, 得到对抗样本的预测值 final_pred。test 函数会计算最终模型被攻击后的准确率, 以及攻击对比的效果图。

10.4.2 攻击结果

为了更好地观察对抗的过程和最终结果, 可以多做几轮迭代, 并将每次迭代的准确率打印出来观察。

```
accuracies = []
examples = []

# 对每个 epsilon 运行测试
for eps in epsilons:
```

```
acc, ex = test(model, device, test_loader, eps)
accuracies.append(acc)
examples.append(ex)
```

输出结果如下：

```
Epsilon: 0       Test Accuracy = 9810 / 10000 = 0.981
Epsilon: 0.05    Test Accuracy = 9426 / 10000 = 0.9426
Epsilon: 0.1     Test Accuracy = 8510 / 10000 = 0.851
Epsilon: 0.15    Test Accuracy = 6826 / 10000 = 0.6826
Epsilon: 0.2     Test Accuracy = 4301 / 10000 = 0.4301
Epsilon: 0.25    Test Accuracy = 2082 / 10000 = 0.2082
Epsilon: 0.3     Test Accuracy = 869 / 10000 = 0.0869
```

可以看到，当扰动力度为 0 时，即模型没有被攻击时，模型的准确率为 98.1%，这是一个非常强大的图像识别模型。随着扰动力度的增加，模型的准确率下降得非常快，当扰动力度为 0.3 时，模型仅有 8.69% 的准确率。此时的模型可以说是完全失去了图像识别能力。可以将扰动力度和模型准确率的变化绘制成图形以便更好地观察，代码如下：

```
plt.figure(figsize=(5,5))
plt.plot(epsilons, accuracies, "*-")
plt.yticks(np.arange(0, 1.1, step=0.1))
plt.xticks(np.arange(0, .35, step=0.05))
plt.title("Accuracy vs Epsilon")
plt.xlabel("Epsilon")
plt.ylabel("Accuracy")
plt.show()
```

输出结果如图 10-2 所示。

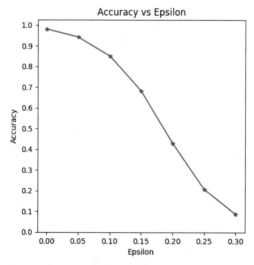

图10-2　准确率（纵轴）随扰动力度（横轴）的变化图

随着扰动力度的增大，模型的准确率快速下降，但是扰动的痕迹也越来越大，更容易被察觉到。事实上，攻击者必须考虑大的扰动力度带来的这一缺点，需要在扰动力度和准确率之间做一个权衡。下面我们观察不同扰动力度下产生的对抗样本的图片。

```python
# 在每个 epsilon 上绘制几个对抗样本的例子
cnt = 0
plt.figure(figsize=(8,10))
for i in range(len(epsilons)):
    for j in range(len(examples[i])):
        cnt += 1
        plt.subplot(len(epsilons),len(examples[0]),cnt)
        plt.xticks([], [])
        plt.yticks([], [])
        if j == 0:
            plt.ylabel("Eps: {}".format(epsilons[i]), fontsize=14)
        orig,adv,ex = examples[i][j]
        plt.title("{} -> {}".format(orig, adv))
        plt.imshow(ex, cmap="gray")
plt.tight_layout()
plt.show()
```

输出结果如图 10-3 所示。

图10-3　不同扰动力度下生成的对抗样本

从图 10-3 中可以看出，当扰动力度小于等于 0.1 时，还观察不出图片有较大的扰动痕迹。但是当扰动力度大于 0.1 时，这种痕迹便开始凸显出来，并且越来越明显。然而，即便当扰动力度为 0.3，对抗样本的扰动痕迹非常大时，人眼依然能够正确识别出每一个对抗样本。

10.5 总结

本章主要介绍了对抗机器学习及目前神经网络模型中的潜在威胁，介绍了对抗样本这一概念，以及快速梯度符号法（FGSM）这一目前较为流行的用于生成对抗样本的方法。并通过利用 FGSM 算法生成的对抗样本来攻击一个图像识别模型，将模型的准确率降低到 9% 左右。

第11章

word2vec与词向量

从本章起，将开始学习神经网络在自然语言处理 NLP 中的应用。自然语言处理与图像视觉领域很大的一点区别在于 NLP 始于词向量，它是贯穿所有 NLP 任务的核心。因此，本章以词嵌入作为开头，介绍词嵌入的原理及实现方法，并使用 PyTorch 实现它，除此之外，还介绍了工具包 word2vec 在中文词向量中的应用。

词嵌入作用

词嵌入是一种由真实数字组成的稠密向量，每个向量代表单词表里的一个单词。在 NLP 中，偶尔会出现一种情况，特征由单词构成，那么如何用机器表示单词呢？一般我们会利用 one-hot 向量来表示单词。第一，如果这么表示的话，每个单词都是独立的，可以认为它们之间毫无联系，但是往往单词之间存在一定的联系；第二，如果词汇表为 V 且包括很多个单词，则向量维度 $|V|$ 会很大，且一个向量只有几个位置为 1（出现某一单词，则该单词在向量中的值为 1），这就导致整体会很稀疏，空间非常浪费。

假设我们搭建一个语言模型，训练数据由如下句子构成。

- The mathematician ran to the store.
- The physicist ran to the store.
- The mathematician solved the open problem.

如果遇到一个新句子：The physicist solved the open problem. 我们只是单独利用 one-hot 向量来构建模型，效果可能会一般，但是如果我们能让模型学到一些联系，比如，训练数据三个句子里，数学家（mathematician）和物理学家（physicist）在句子中起到相同作用，它们有一定联系，则如果数学家能解决问题，我们可以初步判断物理学家也能解决。这就是相似性理念，而实现方式就是通过词嵌入，这是一种分布表示。

如何得到单词的语义相似性呢？我们会想到一些语义属性，举个例子，我们发现数学家和物理学家都能跑，则我们给 "can run" 打高分，考虑下其他方面的属性，并思考如何给他们打分，每个属性代表一个维度，连起来用一个向量表示一个单词，如图 11-1 所示。

$$q_{\text{mathematician}} = \left[\overbrace{2.3}^{\text{can run}}, \overbrace{9.4}^{\text{likes coffee}}, \overbrace{-5.5}^{\text{majored in Physics}}, \ldots \right]$$

$$q_{\text{physicist}} = \left[\overbrace{2.5}^{\text{can run}}, \overbrace{9.1}^{\text{likes coffee}}, \overbrace{6.4}^{\text{majored in Physics}}, \ldots \right]$$

图11-1　词嵌入大体表示

接下来可以通过余弦相似度来计算两个单词之间的相似性，公式如下：

$$\text{Similarity}(\text{physicist}, \text{mathematician}) = \frac{q_{\text{physicist}} \cdot q_{\text{mathematician}}}{||q_{\text{physicist}}|| \, ||q_{\text{mathematician}}||} = \cos(\varnothing)$$

这样即可表达单词之间的语义信息，可是难道每一种属性都需要人工去给定吗？答案是否定的，传统的方法需要大量的人工去给定属性，这是非常不可取的，而深度学习的思想就是通过神经网络来学习特征的表示，而并非需要我们去设计，在训练之前，先随机初始化这层语义向量，通过不断学习来更新语义向量的权重，从而得到词嵌入。

11.2 词嵌入原理

如何去学习语义向量的权重呢？主要思想是一个词的上下文可以很好地表达出词的语义，这是一种无监督的学习文本方法，这种方法是基于"预测"的，给定一段文本，或者更长的文本，这里可以称作语料库，从一个词或几个词出发，预测它们可能的相邻词，在预测过程中则会更新嵌入层的权重，从而达到学习的目的。基于"预测"的学习方法有两种：CBOW 和 Skip-Gram，接下来分别讲解。

11.2.1　CBOW实现

CBOW 全称是 Continuous Bag of Words，即连续词袋模式，核心思想就是利用周围词预测中心词。比如"The quick brown fox jumps over the lazy dog."，如果定义窗口大小 window-size 为 2，则会产生如图 11-2 所示的数据集，window-size 决定了目标词会与多远距离的上下文产生关系。

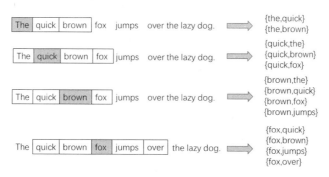

图11-2　CBOW数据示例

这里有个问题就是，如果用一个词去预测另一个词，这是非常容易的，但 CBOW 是利用上下文的词，也就是多个词来预测另一个词，那么应该怎么做呢？答案就是将上下文的词嵌入全部加起来，得到隐含层的值，模型架构如图 11-3 所示，这是一个单层的神经网络，神经网络的参数就是我们想要得到的词向量。

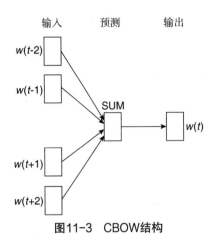

图11-3　CBOW结构

11.2.2　Skip-Gram实现

有了 CBOW 基础后，Skip-Gram 就比较好理解了，核心思想是利用中心词预测上下文的词，和 CBOW 正好相反，我们同样以 "The quick brown fox jumps over the lazy dog." 这句话为例，产生的数据示例如图 11-4 所示。Skip-Gram 的结构如图 11-5 所示。

图11-4　Skip-Gram数据示例

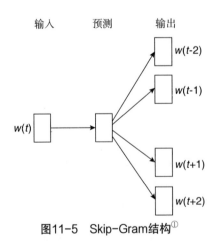

图11-5　Skip-Gram结构[1]

---

[1]　图片来自论文 *Efficient Estimation of Word Representations in Vector Space*

11.3 在PyTorch中实现词嵌入

在本节中，我们会以 CBOW 方法为例，介绍如何在 PyTorch 中训练一个词嵌入模型。

11.3.1 数据准备

为了使用 CBOW 方法训练语言模型，需要下载一个语料库 corpus，语料的意思就是包含了该种语言的大量文本，这里使用的是英语，后续小节会讲到对中文应该如何处理。在 mattmahoney 网站上提供了大量英语语料库的下载，为了方便这次的项目，我们从中下载一个较小的语料库，这是一个英语常见的语料，将下载的数据解压后放到 data 目录下。由于该文件非常大，为了方便读取，我们只大概读取出 50000 个单词左右，代码如下：

```
with open('data/text8','r') as f:
    # 一行一个字母  大概取数  直到 corpus 长度大约为 50000
    corpus = f.readline(300000).split(' ')
print(corpus) #50128
```

读取后的语料是由单词构成的列表，['anarchism', 'originated', 'as', 'a', 'term', …]，由于 50000 多个单词中可能出现很多并不常见的低频单词，为了减小模型的训练复杂度，我们挑选出高频的 5000 个单词，其他的词用 UNK 符号来统一标识。因此，需要对语料进行计数，筛选后将单词转成索引，得到整个语料的 id，同时得到单词转索引和索引转单词的两个字典，方便后续操作。代码如下：

```
import collections
def build_dataset(words, n_words):
    """ 将原始输入处理到数据集中 """
    count = [['UNK', -1]]
    # 利用 collections 的计数 Counter 模块
    count.extend(collections.Counter(words).most_common(n_words - 1))
    # 从单词转成索引
    word2index = {word: index for index, (word, _) in enumerate(count)}
    data = []
    unk_count = 0
    for word in words:
        if word in word2index:
            index = word2index.get(word, 0)
        else:
            index = 0 # dictionary['UNK']
            unk_count += 1
        data.append(index)
    count[0][1] = unk_count
    # 从索引转成单词
```

```
index2word = dict(zip(word2index.values(), word2index.keys()))
    return data, count, word2index, index2word
textid, count, word2index, index2word = build_dataset(corpus, 5000)
```

结果就是，如果原来的数据为 ['anarchism', 'originated', 'as', 'a', 'term', …]，根据单词构建映射如 'apple' 对应 0 等等，假设映射之后的数据就是 [3774, 50, 2478, 11, 6, …]，其中 3774 代表单词 anarchism，50 代表单词 originated，以此类推。有了单词的索引后，我们需要构建符合 CBOW 方法的输入。从前面的知识了解到，CBOW 是用周围词来预测中心词，因此需要将数据处理成一对对的，一是输入值，由周围词索引构成的列表；二是目标值，由中心词索引构成。这里将周围词的窗口大小 CONTEXT_SIZE 设置为 2，表示取中心词的前两个和后两个。代码如下：

```
CONTEXT_SIZE=2
context = []
target = []
for i in range(2, len(textid) - 2):
    context.append([textid[i - 2], textid[i - 1],textid[i + 1], textid
[i + 2]])
    target.append(textid[i])
```

接下来需要将输入和目标转成向量 tensor，而且考虑到一共有 50000 个左右的样本对，如果我们逐一放入模型中，则模型可能较难收敛，因此希望以 batch 的模式按批投入模型。可以调用 torch.utils.data.DataLoader 类来对数据集进行封装，我们写下一个类 GetLoader，用来自定义数据集，需要实现的方法是 __init__（初始化）、__getitem__（用来获取 data 和 label）和 __len__（用来得到数据的总体长度）。再利用 DataLoader 封装起来，这里定义 batch_size 为 64。代码如下：

```
import torch.utils.data
# 定义 GetLoader 类，继承 Dataset 方法，并重写 __getitem__ 和 __len__ 方法
class GetLoader(torch.utils.data.Dataset):
    # 初始化函数，得到数据
    def __init__(self, data_root, data_label):
        self.data = data_root
        self.label = data_label
    # index 是根据 batchsize 划分数据后得到的索引，最后将 data 和对应的 labels 一起返回
    def __getitem__(self, index):
        data = self.data[index]
        labels = self.label[index]
        return data, labels
    # 该函数返回数据大小长度，目的是 DataLoader 方便划分
    def __len__(self):
        return len(self.data)
import numpy as np
# 通过 GetLoader 加载数据，返回 Dataset 对象，包含 data 和 labels
# 需要输入的是 numpy 的格式，而非单纯的 list
torch_data = GetLoader(np.array(context), np.array(target))
data = torch.utils.data.DataLoader(torch_data, batch_size=64, shuffle
    =False, drop_last=False, num_workers=0)
```

封装后，训练时就可迭代 data 往模型逐一输入。

11.3.2　构造模型

在 PyTorch 中自定义类，需要我们在初始化函数中定义好模型结构，在 forward 函数中定义模型是如何进行前向传播的，本次 CBOW 模型使用了二层结构，Embedding 层将单词对应的 ID 映射到某一维度下的词嵌入（本次实验取 100，也就是将本该维度为 1 的向量用 100 维的向量表示，带来的信息更加丰富），然后将上下文单词的维度累加，因为 CBOW 特点是累加上下文单词的向量，然后通过全连接将维度映射到输出维度（单词词汇表大小为 5000）。代码如下：

```
VOCAB_SIZE=5000
EMBEDDING_DIM=100
class CBOW(nn.Module):
    def __init__(self, vocab_size, embedding_dim, context_size):
        super(CBOW, self).__init__()
        self.embeddings = nn.Embedding(vocab_size, embedding_dim)
        self.linear = nn.Linear(embedding_dim, vocab_size)

    def forward(self, inputs):
        embeds = torch.sum(self.embeddings(inputs),dim=1)# 第二维度累加
        out = self.linear(embeds)
        log_probs = F.log_softmax(out, dim=1)
        return log_probs
model = CBOW(VOCAB_SIZE, EMBEDDING_DIM, CONTEXT_SIZE)
```

11.3.3　训练模型

定义好模型后，选择 SGD 作为优化器，NLLLoss 作为损失函数，轮数 epochs 设置为 10 轮，每 100 个 batch 打印一次平均 loss 值。代码如下：

```
loss_function = nn.NLLLoss()
optimizer = optim.SGD(model.parameters(), lr=0.001)

for epoch in range(10):
    running_loss = 0.0
    for i, j in enumerate(data, 0):
        # 获取输入
        inputs, labels = j
        # inputs 和 labels 的格式为 int，而模型需要的是 long，做格式转换
        inputs = inputs.long()
        labels = labels.long()
        # 消除梯度
        optimizer.zero_grad()
```

```
    # 前向传播、计算损失、反向传播、更新参数
    outputs = model(inputs)
    loss = loss_function(outputs, labels)
    loss.backward()
    optimizer.step()

    # 打印
    running_loss += loss.item()
    if i % 100 == 0:
        print('[%d, %5d] loss: %.3f' %(epoch + 1, i + 1, running_
            loss / 100))
        running_loss = 0.0
print('Finished Training')
```

输出结果如下：

```
[1,      1] loss: 0.085
[1,    101] loss: 8.547
[1,    201] loss: 8.534
...
[12,   401] loss: 7.048
[12,   501] loss: 7.202
[12,   601] loss: 7.143
[12,   701] loss: 7.339
Finished Training
```

11.3.4　可视化

为了更好地观察词嵌入的效果，我们将模型的 Embedding 层的权值读取出来，由于是 100 维的向量，无法直接在二维坐标系上画图观察，这里以使用 t-SNE 的方法，将 100 维空间映射到二维上，并画出最常使用的 500 个单词的位置。代码如下：

```
def plot_with_labels(low_dim_embs, labels):
    plt.figure(figsize=(18, 18))
    for i, label in enumerate(labels):
        x, y = low_dim_embs[i, :]
        plt.scatter(x, y)
        plt.annotate(
            label,
            xy=(x, y),
            xytext=(5, 2),
            textcoords='offset points',
            ha='right',
            va='bottom')
plt.show()
```

```
from sklearn.manifold import TSNE
import matplotlib.pyplot as plt
embeds_data = model.embeddings.weight.data
tsne = TSNE(perplexity=30, n_components=2, init='pca', method='exact',
            n_iter=1000)
plot_only = 500
low_dim_embs = tsne.fit_transform(embeds_data[:plot_only, :])
labels = [index2word[i] for i in range(plot_only)]
plot_with_labels(low_dim_embs, labels)
```

可视化效果如图 11-6 所示。将局部放大，如图 11-7 所示。

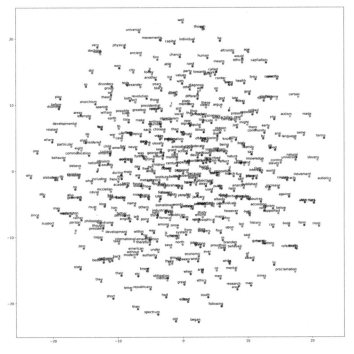

图11-6　可视化效果

图11-7　局部可视化效果

可以看到，语言类相关的词，如 american、french、spanish 在二维空间上距离比较近，另外，如城市 washington 和 city 的距离也在较小范围内，这是 one-hot 方法无法学到的联系，而在词嵌入上可以体现。由于本次训练整体规模较小，所以输出的效果并没有十分明显，原因在于，一是我们没有把整个语料进行训练，而是抽取大约 50000 个单词，而且只是取高频 5000 个单词转索引；二是网络的超参数设置较小，如 Embedding 层的维度只是 100，没有更加细化，而且训练轮数 epochs 只为 10 轮。读者可以根据这些方面进行优化，最后的效果会更加明显。

11.4 工具包word2vec结合中文词嵌入

通过 CBOW 或者 Skip-Gram 训练模型来获得词嵌入略微烦琐，这里提供一个工具包 word2vec。word2vec 是 Google 2013 年开源推出的一个用于获取词向量（word vector）的工具包。

11.4.1　word2vec使用

word2vec 工具包包含在 gensim 里，可以通过 from genism.models import Word2Vec 命令来进行调用，下面几个参数需要注意。

- sentences：可迭代的语料库，是以句子为单位的列表。
- size：词嵌入的维度，默认是 100。
- window：上下文的窗口大小，决定了目标词会与多远距离的上下文产生关系，默认是 5。
- sg：训练时采用的算法，0 代表 CBOW，1 代表 Skip-Gram，默认是 0。
- min_count：最小频率，如果某个词出现的频率小于给定值，就会被过滤掉。

我们利用 11.3 节的语料库，语言为英语，将其作为 sentences 输入，window 及 size 和 11.3 节的设定一样，分别为 2 和 100，min_count 设置为 0。当模型训练完后，我们只需要调用 model.wv.get_vector(单词) 就能查看该单词的词嵌入，调用 model.wv.similar_by_word(单词,topn=5) 就能查看该单词前 5 个最相近的词及相似度，使用起来非常方便。代码如下：

```
from gensim.models import Word2Vec
model = Word2Vec([corpus],window=2,min_count=0,size=100)
model.wv.get_vector('when')
model.wv.similar_by_word('and',topn=5)
```

输出结果如下：

```
array([ 0.00673906, -0.00423691,  0.00049983,  0.00706025, -0.00424845,
     ...
     0.00214942, -0.00408891, -0.00034084, -0.00367194,  0.00763585],
    dtype=float32)
[('of', 0.9917644262313843),
 ('autism', 0.9904686212539673),
 ('to', 0.9899872541427612),
```

```
('anarchism', 0.9897799491882324),
('or', 0.9897539615631104)]
```

11.4.2　中文词嵌入

前面讲述了英文的词嵌入，那么，对于更加符合我们日常生活的中文，应该怎么操作呢？实际上是类似的，只不过需要在此之前进行数据处理。由于英文默认是以空格来切分的，所以能得到一个个单词，而中文是以汉字为单位，一句话实际上是以词语为基本单元的，比如"我爱中国"这句话，可以切分为"我""爱""中国"。所以需要先对一句话进行分词，分词时常见的有 jieba 库。

这里在网上随机搜索一段中文文本，利用 jieba.lcut 查看切词效果，代码如下：

```
chinese = '''
我们这个时代似乎是一个盛产名人的时代。这当然要归功于传媒的发达，尤其是电视的普及，使得
随便哪个人的名字和面孔很容……而且永远那么花哨，真正的好人永远比他的名声质朴。
'''
import jieba
sens_list=jieba.lcut(chinese)
sens_list
```

这里由于篇幅过长，用"……"省去中间部分，切词后的结果如 ['我们', '这个', '时代', '似乎','是','一个'…]，可以看到效果还是比较接近我们实际的切词方式。接下来为了得到词嵌入，就和上述过程一样了，代入模型中以输出结果，代码如下：

```
model = Word2Vec([sens_list],min_count=1,iter=20)
model.wv.similar_by_word('主编',topn=1)
model.wv.similar_by_word('历史',topn=1)
```

输出结果如下：

```
[('新闻人物', 0.5427924990653992)]
[('名著', 0.45845723152160645)]
```

11.5　总结

在本章中，我们介绍了词嵌入的由来，通过介绍两种方法（CBOW 和 Skip-Gram）阐述词嵌入的原理。利用英语语料，在 PyTorch 中构建 CBOW 模型并进行训练和观察，得到词嵌入，最后通过 word2vec 包提供更简单的方式进行英语语料和中文语料的词嵌入。

第12章

命名实体识别

命名实体识别（Named Entity Recognition，NER）是 NLP 里一项很基础的任务。本章先介绍 NER 的背景，接着从 NER 涉及的模型 LSTM 和 CRF 讲起，然后介绍 NER 如何去实现，最后通过 PyTorch 代码实现命名实体识别。

12.1 NER背景介绍

命名实体识别（NER），是指从文本中识别出命名性指称项，为关系抽取等任务做铺垫，狭义上，是识别出人名 PER、地名 LOC 和组织机构名 ORG 这三类命名实体。当然，在特定领域中，会相应地定义领域内的各种实体类型。

如下面的例子中，可以清晰地看出三类命名实体。

原句：于大宝 的进球帮助 中国队 在 长沙 1-0 击败 韩国队。

NER：PER　　　　　　ORG　　LOC　　　ORG

在具体识别时，我们会使用 BIO 标注方法，更加细分每个类别，即 B-PER、I-PER 分别代表人名首字、人名非首字，B-LOC、I-LOC 代表地名首字、地名非首字，B-ORG、I-ORG 分别代表组织机构名首字、组织机构名非首字，O 代表该字不属于命名实体的一部分，如下面的例子所示。

原句：　于　　大　　宝　 的进球帮助了　 中　　国　　队。

NER：B-PER　I-PER　 I-PER O O O O O O　 B-ORG I-ORG I-ORG

在最早的时候，我们会用基于规则的方法，比如，通过手工编写规则，如"说"一般作为人名的下文，"大学""医院"等词语可作为组织机构名的结尾，还可以利用词性句法等信息，但这种过程耗时费力而且往往准确率不高。后来我们采用了特征模板的方法，将 NER 视作序列标注任务，利用大规模语料来学习输出模型，通过人工定义的一些二值特征，试图挖掘命名实体内部及上下文的构成特点。

随着神经网络的崛起，我们发现可以利用一些常见网络（如 LSTM）来针对序列任务，将输入分词 token 化，即令牌化，通过映射到 Embedding 层学习到它们的表征，再将其输入到 RNN 网络中，用神经网络自动提取特征，然后通过 Softmax 来预测每个 token 的标签。这种方法的缺点是将每个 token 独立化，独立打标签，而无法利用上下文已预测好的信息，进而导致预测结果可能不理想，比如，B-PER 本应该接着 I-PER，但可能预测出来的是 I-ORG，Softmax 是无法学习到这种关联的。因此，LSTM（Long Short Term Mermory network，长短时记忆网络）和 CRF（Conditional Random Field，条件随机场）应运而生。

12.2 LSTM

RNN 网络可以传递当前时刻处理的信息给下一时刻使用，它具有一定的记忆功能，可以被用来解决很多问题，如语音识别、语言模型、文本生成、机器翻译等，但是它不能很好地解决长时依赖问题。长时依赖是指当预测点与依赖地相关信息距离比较远的时候，就难以学到该相关信息。例如，句子"我出生在中国……我会说中文"如果要预测末尾的中文，我们可能需要用到最开始的"中国"，而传统的 RNN 网络无法很好地解决，LSTM 因此诞生。

12.2.1　LSTM原理

LSTM 是一种特殊的 RNN。传统的 RNN 结构如图 12-1 所示，是由重复模块构成的一条链，可以看到它的处理层非常简单，通常是一个 tanh 层，通过当前输入及上一时刻的输出来得到当前输出。LSTM 结构与它类似，不同的是重复的模块会比较复杂一些，它有四层结构，如图 12-2 所示。其中的符号含义如图 12-3 所示。

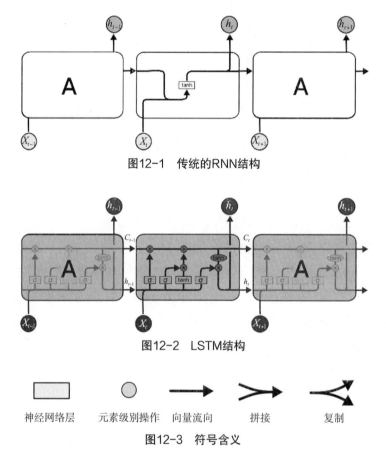

图12-1　传统的RNN结构

图12-2　LSTM结构

图12-3　符号含义

神经网络层　　元素级别操作　　向量流向　　拼接　　复制

理解 LSTM 的关键在于它包含了三个门（遗忘门、输入门、输出门）与一个记忆单元。圆角矩形内那条水平线如图 12-4 所示，被称为单元状态（cell state），它就像一个传送带，可以控制信息传递给下一时刻。和 RNN 有所不同的是，LSTM 的隐藏状态有两部分，一是 h_t，另一个就是 C_t。

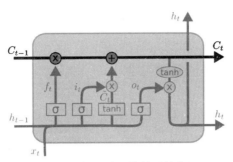

图12-4　LSTM的单元状态

首先每一步的 C_t 并不是完全照搬上一步的 C_{t-1}，而是在其基础上选择"遗忘"和"记住"一些新内容。遗忘门用来决定什么信息可以通过单元状态，是通过一层 Sigmoid 来控制的，它会根据上一时刻的输出 h_{t-1} 和当前的输入 x_t 来产生一个 $0 \sim 1$ 的 f_t 值，决定是否让上一时刻学到的信息 C_{t-1} 通过或部分通过，如图 12-5 所示。

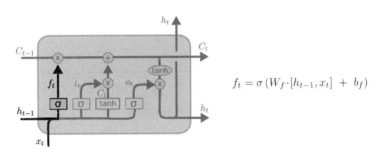

$$f_t = \sigma\left(W_f \cdot [h_{t-1}, x_t] + b_f\right)$$

图12-5　LSTM 的遗忘门

然后是产生需要更新的新信息，这一步包含两个部分，一是输入门层通过 Sigmoid 来决定哪些值用来更新，二是一个 tanh 层用来生成新的候选值 $\tilde{C}_t$，它作为当前层产生的候选值可能会添加到单元状态中，我们会把这两部分产生的值结合并进行更新，如图 12-6 所示。

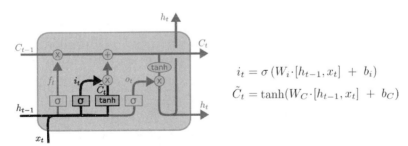

$$i_t = \sigma\left(W_i \cdot [h_{t-1}, x_t] + b_i\right)$$
$$\tilde{C}_t = \tanh(W_C \cdot [h_{t-1}, x_t] + b_C)$$

图12-6　LSTM的输入门

现在我们对老的单元状态进行更新，首先将老的单元状态乘以 f_t 来忘掉不需要的信息，然后再与 $i_t \cdot \tilde{C}_t$ 相加，得到候选值。两步结合起来就是丢掉不需要的信息，添加信息的过程，如图 12-7 所示。

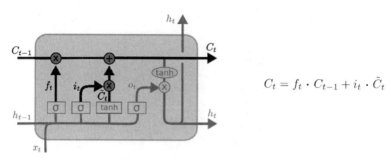

$$C_t = f_t \cdot C_{t-1} + i_t \cdot \tilde{C}_t$$

图12-7　应用遗忘门和输入门

最后是决定模型的输出。首先是通过 Sigmoid 层来得到一个初始输出，然后使用 tanh 将 C_t 值缩放到 -1 和 1 之间，再与 Sigmoid 层得到的输出逐对相乘，从而得到模型的输出，如图 12-8 所示。这显然可以理解，首先 Sigmoid 函数的输出是不考虑先前时刻学到的信息的输出，tanh 函数是对先前学到信息的压缩处理，起到稳定数值的作用。

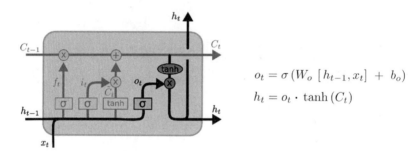

$$o_t = \sigma\left(W_o\left[h_{t-1}, x_t\right] + b_o\right)$$
$$h_t = o_t \cdot \tanh\left(C_t\right)$$

图12-8　LSTM 的输出门

总结一下，LSTM 每一步的输入是 x_t，隐藏状态有两个，即 h_t 和 C_t，最终的输出通过 h_t 进一步变换得到，接下来讲解如何在 PyTorch 中使用 LSTM。

12.2.2　在PyTorch中使用LSTM

在 PyTorch 中，我们可以调用 nn.LSTM 来使用 LSTM 网络，当我们对一个函数或者一个包不熟悉时，最好的学习方法就是去查阅官方文档，这里我们将部分查阅结果输出如下：

```
Inputs: input, (h_0, c_0)
    - **input** of shape `(seq_len, batch, input_size)`: tensor
containing the features
      of the input sequence.
      The input can also be a packed variable length sequence.
      See :func:`torch.nn.utils.rnn.pack_padded_sequence` or
      :func:`torch.nn.utils.rnn.pack_sequence` for details.
    - **h_0** of shape `(num_layers * num_directions, batch, hidden_
size)`: tensor
      containing the initial hidden state for each element in the batch.
```

```
       If the RNN is bidirectional, num_directions should be 2, else it
should be 1.
       - **c_0** of shape `(num_layers * num_directions, batch, hidden_
size)`: tensor
         containing the initial cell state for each element in the batch.

         If `(h_0, c_0)` is not provided, both **h_0** and **c_0** default
to zero.


Outputs: output, (h_n, c_n)
       - **output** of shape `(seq_len, batch, num_directions * hidden_
size)`: tensor
         containing the output features `(h_t)` from the last layer of the LSTM,
         for each t. If a :class:`torch.nn.utils.rnn.PackedSequence` has been
         given as the input, the output will also be a packed sequence.

         For the unpacked case, the directions can be separated
         using ``output.view(seq_len, batch, num_directions, hidden_size)``,
         with forward and backward being direction `0` and `1` respectively.
         Similarly, the directions can be separated in the packed case.
       - **h_n** of shape `(num_layers * num_directions, batch, hidden_
size)`: tensor
         containing the hidden state for `t = seq_len`.

         Like *output*, the layers can be separated using
         ``h_n.view(num_layers, num_directions, batch, hidden_size)`` and
similarly for *c_n*.
       - **c_n** (num_layers * num_directions, batch, hidden_size): tensor
         containing the cell state for `t = seq_len`
```

查看官方文档发现，nn.LSTM 模块接收两个输入，一是输入 input，二是初始隐藏状态和初始细胞状态的组合（h_0，c_0），这里要注意每个变量的维度。因为维度在神经网络中非常重要，涉及网络的结构，在调试时需要对变量进行维度变换等。输入维度是 Seq_len × batch × input_size，即是序列的长度 × 每一批多少个数据 × 输入维度。例如，对于"The cow jumped""The horse jumped"，如果单词通过 Embedding 层映射后的维度是 64，这里的维度应该是 $3 \times 2 \times 64$，而在 LSTM 训练及常见的项目中，我们会逐一将每一句话每一个单词进行输入，则维度应该是 $1 \times 1 \times 64$，这取决于模型想怎么输入。

通过 12.2.1 节的 LSTM 理论，我们知道会有两部分隐藏状态，即 h_t 和 C_t，因此需要先初始化这两个，并且这两个的维度是一样的，都是 num_layers * num_directions × batch × hidden_size。假设是单层单向逐一将每个句子每个单词进行输入，则维度应该为 $1*1 \times 1 \times$ hidden_size（自己预先设定好的 hidden_size）。

模型有两个输出，output 及（h_n，c_n），实际上（h_n，c_n）是最后一个时刻的隐藏状态，而

output 是所有时刻的隐藏状态 h_i 的集合，所以，output 的最后一个值应该等于 h_n，之所以这样设计，是因为可以拿 (h_n, c_n) 来进行序列的反向传播运算，具体方式就是将它作为参数传入后面的 LSTM 网络。代码如下：

```
lstm = nn.LSTM(3, 5)    # 输入维度为 3，输出维度为 5。3 代表 Embedding 维度；5 代表
                        # hidden_size
inputs = [torch.randn(1, 3) for _ in range(5)]
                        # 维度为 5 个 1×3，对应的是 seq_len 个 batch×input_size

# 初始化隐藏状态，包括 h0 和 c0
hidden = (torch.randn(1, 1, 5),
          torch.randn(1, 1, 5))

# 对一句话一个个的单词进行训练
# 将一句话每个单词逐一输入，所以输入维度应该是 1×1×3
for i in inputs:
    # 第二个输出 hidden 作为下一时刻的输入 hidden，逐一循环
    # i 本来为 1×input_size (batch×input_size)，通过 view 转换成三维
    out, hidden = lstm(i.view(1, 1, -1), hidden)

# 另外可以对整句话进行训练
inputs = torch.cat(inputs).view(len(inputs), 1, -1)  # 维度为 5×1×3
hidden = (torch.randn(1, 1, 5), torch.randn(1, 1, 5))   # 清空隐藏状态
out, hidden = lstm(inputs, hidden)
print(out)
print(hidden)
```

输出结果如下：

```
# 可以观察到 out 最后一个等于 hidden 的 hn
tensor([[[ 0.0730, -0.0011, -0.0737,  0.4511, -0.0328]],

        [[ 0.0743, -0.0588,  0.0275,  0.1344, -0.1286]],

        [[-0.0161, -0.0920,  0.0680, -0.0087, -0.1576]],

        [[ 0.0806, -0.1650,  0.0071, -0.1334, -0.2558]],

        [[ 0.0895, -0.1512,  0.0070, -0.2393, -0.2704]]],
       grad_fn=<StackBackward>)
(tensor([[[ 0.0895, -0.1512,  0.0070, -0.2393, -0.2704]]],
       grad_fn=<StackBackward>), tensor([[[ 0.1873, -0.3475,  0.0231,
-0.4055, -0.8204]]],
       grad_fn=<StackBackward>))
```

12.3 CRF

在 12.1 节中讲到，如果只是利用 LSTM 网络而没有 CRF，则会出现预测结果不理想，比如 B-PER 本应该接着 I-PER，但可能预测出来的是 I-ORG，下面举例说明。先简要介绍下模型，句子中的每个单词通过 Embedding 层之后得到了词向量，接着输入 BiLSTM 中，这里的 LSTM 是双向的，指除了正常的从左到右的语序学习知识，还会从相反方向进行学习，这样会得到更多的信息。模型的输出是每个类别的预测概率。BiLSTM 示例如图 12-9 所示。

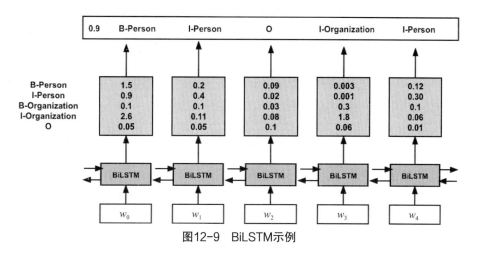

图12-9　BiLSTM示例

比如，这里只考虑到 PER 和 ORG，则对应的 BIO 标签为 B-PER（B-Person）、I-PER（I-Person）、B-ORG（B-Organization）、I-ORG（I-Organization）、O 一共 5 个类别，我们选择分数最高的作为预测结果，如 w_0, I-ORG 分数最高为 2.6，则可以选定 I-ORG，同样的 w_1 是 I-PER, w_2 是 O，以此类推。

如果只是单纯这样，则无法得到准确的结果，因为 I-ORG 后面是不能跟着 I-PER 的，而 CRF 就是用来学习标签间的联系。如果加了 CRF，则如图 12-10 所示。

CRF 层可以加入一些约束来保证最终预测结果是有效的，这些约束可以在训练数据时被自动学习到，可能的约束条件有以下几种情况。

- 句子开头应该是 "B-" 或者 "O"，而不是 "I-"。
- "B-label1 I-label2 I-label3…"，在这种情况下，类别 1、2、3 应该是同一种类别实体，比如，"B-PER I-PER" 是正确的，而 "B-PER I-ORG" 是错误的。
- "O I-label" 是错误的，命名实体的开头应该是 "B-" 而不是 "I-"。

接下来我们从几个方面进一步了解 CRF。

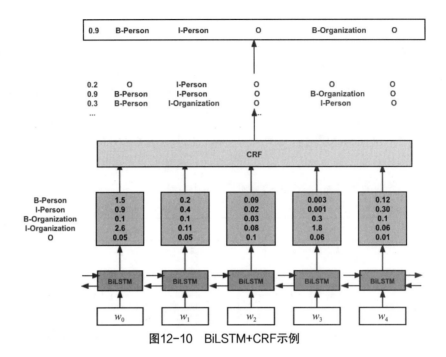

图12-10　BiLSTM+CRF示例

12.3.1　发射分数和转移分数

第一个类型的分数是发射分数（状态分数），又叫作 Emission Score，这些分数来自 BiLSTM 层的输出，如图 12-10 所示，w_0 被预测为 B-PER 的分数是 1.5，一共有 4 个单词 5 个类别，则有 4×5 的发射分数矩阵。

转移分数指的是，5 个类别两两之间转移的可能性矩阵，为了使该矩阵更具鲁棒性，我们加上 START 和 END 两类标签，代表句子的开始和结束，表 12-1 是一个已经学习好的一共 7 个标签的转移表，B-Org 和 I-Org 代表的是 Organization。

表12-1　标签转移表

	START	B-Person	I-Person	B-Org	I-Org	O	END
START	0	0.8	0.007	0.7	0.0008	0.9	0.08
B-Person	0	0.6	0.9	0.2	0.0006	0.6	0.009
I-Person	-1	0.5	0.53	0.55	0.0003	0.85	0.008
B-Org	0.9	0.5	0.0003	0.25	0.8	0.77	0.006
I-Org	-0.9	0.45	0.007	0.7	0.65	0.76	0.2
O	0	0.65	0.0007	0.7	0.0008	0.9	0.08
END	0	0	0	0	0	0	0

从表 12-1 中可以看出，学习后的矩阵已经体现出了刚才的约束条件，如以下几种情况。

- 句子的第一个单词应该是"B-"或"O",而不是"I"。("START"→"I-Person 或 I-Organization"的转移分数很低。)
- "B-label1 I-label2 I-label3…",在该模式中,类别 1、2、3 应该是同一种实体类别。比如,"B-Person I-Person"是正确的,而"B-Person I-Organization"则是错误的。("B-Organization"→"I-Person"的分数很低。)
- "O I-label"是错误的,命名实体的开头应该是"B-"而不是"I-"。

这个矩阵如何得到呢? 实际上是模型自己去学的,训练之前,我们只需要随机初始化这个转移矩阵,随着模型的学习,这些参数会被更新。

12.3.2 损失函数

每个模型都要有一个损失函数来指导模型应该往哪个方向进行学习,在讲解 CRF 的损失函数前,我们先举个例子:假设有 7 个类别的数据,和 12.3.1 节中的例子一样,包括了 START 到 END 的 7 个类别。一个包含 5 个单词的句子,可能的类别序列罗列如下,一共 N 种。

- 1. START B-PER B-PER B-PER B-PER B-PER END
- 2. START B-PER I-PER B-PER B-PER B-PER END
- ……
- 10. START B-PER I-PER O B-ORG O END
- ……
- N. O O O O O O O

每一种序列组成情况叫作路径,而每条路径我们定义一个分数 e^{S_i}(方便后面取对数的操作),S_i 由发射分数和转移分数相加构成,S_i = EmissionScore + TransitionScore,以"START B-PER I-PER O B-ORG O END"为例,从第一个 label 到第二个 label 的发射分数和转移分数相加,从第二个 label 到第三个 label……逐一相加,最后放在 e 的指数上,则得到该路径的分数。

有了路径分数后,我们定义损失函数为真实路径分数除以所有路径分数,真实路径分数应该是最大的,如下公式所述:

$$\text{LossFunction} = \frac{P_{\text{RealPath}}}{P_1 + P_2 + \cdots + P_N}$$

我们会对损失函数求对数并取负号,因为往往训练目标是最小化损失函数,则得到下面的式子:

$$\text{LnLossFunction} = -\ln \frac{P_{\text{RealPath}}}{P_1 + P_2 + \cdots + P_N}$$

$$= -\ln \frac{e^{S_{\text{RealPath}}}}{e^{S_1} + e^{S_2} + \cdots + e^{S_N}}$$

$$= -(\ln\left(e^{S_{\mathrm{RealPath}}}\right) - \ln(e^{S_1} + e^{S_2} + \cdots + e^{S_N}))$$

$$= -(S_{\mathrm{RealPath}} - \ln(e^{S_1} + e^{S_2} + \cdots + e^{S_N}))$$

公式中最后一步第二项，也即是求解所有路径的总分数，是 CRF 的关键，当然可以去枚举所有情况，但这种方式复杂度太高，而这部分实际上可以通过一种分数积聚方法得到。类似动态规划，可以解决复杂度的问题，这里我们不详细详解。

12.3.3　预测

在损失函数定义好后，模型就可以去训练了。训练好的模型应该如何去预测一个句子每个单词的词性呢？这里会用到维特比算法 Viterbi，有点类似上述分数积聚方法，其中会利用到发射矩阵和转移矩阵两个部分，所以学习好转移矩阵是关键。

 ## 12.4　构建模型

12.4.1　模型结构

这里我们会先大体描述下模型如何构成，12.4.2 节会在代码中讲解。首先我们用到的模型是 BiLSTM+CRF，以句子为单位，将一个含有 n 个字的句子记作 $x = (x_1, x_2, x_3, \cdots, x_n)$，其中 x_i 表示句子的第 i 个字在字典中的 id，进而可以得到每个字的 one-hot 向量，维数是字典大小。

模型的第一层是 look-up 层，利用预训练或者随机初始化的 Embedding 层将句子中的每个字 x_i 由 one-hot 向量映射到低维稠密的字向量，在输入下一层之前，往往会设置 dropout 缓解过拟合。

模型的第二层是双向 LSTM 网络，自动提取句子特征，将一个句子的各个字的 Embedding 作为 BiLSTM 各个时间步的输入，再将两个方向的隐藏状态拼接，即 $h_i = [h_t\rightarrow ; h_t\leftarrow]$，在设置 dropout 后，接入线性层，将隐藏状态转化为 k 维，k 代表标签个数，再对其进行 Softmax 函数计算，得到发射矩阵。

模型第三层是 CRF 层，参数是 $(k+2) \times (k+2)$ 的转移矩阵，这里加 2 是包括了 START 和 END，CRF 层的参数是由模型训练得到的，下面会着重讲解模型代码。

12.4.2　模型代码

模型代码来自于官方的 Tutorial，在本节中我们会大致讲解每个函数对应模型的哪块地方及作用，但不会详细讲解里面的每一步，感兴趣的读者可以进一步去探索。

首先，我们导入常用的 PyTorch 包及书写几个辅助函数，包括取概率最大值、将句子转化为向量 Tensor，将向量表示取指数求和，再进行对数求解。代码如下：

```python
import torch
import torch.autograd as autograd
import torch.nn as nn
import torch.optim as optim

torch.manual_seed(1)

# 取向量最大值
def argmax(vec):
    # 将 argmax 作为 python int 返回
    _, idx = torch.max(vec, 1)
    return idx.item()

# 将句子转化为 tensor
def prepare_sequence(seq, to_ix):
    idxs = [to_ix[w] for w in seq]
    return torch.tensor(idxs, dtype=torch.long)


# 以正向算法的数值稳定方式计算 log sum exp
def log_sum_exp(vec):
    max_score = vec[0, argmax(vec)]
    max_score_broadcast = max_score.view(1, -1).expand(1, vec.size()[1])
    return max_score + \
        torch.log(torch.sum(torch.exp(vec - max_score_broadcast)))
```

接着是模型方面，包含了几个组件，我们一一写出来，最后再将它们包装到一个类里，首先是初始化函数，进行一些网络部件的规定。代码如下：

```python
# 初始化函数
def __init__(self, vocab_size, tag_to_ix, embedding_dim, hidden_dim):
    super(BiLSTM_CRF, self).__init__()
    self.embedding_dim = embedding_dim
    self.hidden_dim = hidden_dim
    self.vocab_size = vocab_size
    self.tag_to_ix = tag_to_ix# 标签转 index
    self.tagset_size = len(tag_to_ix)

    self.word_embeds = nn.Embedding(vocab_size, embedding_dim)
    # 这里除以 2 是为了方便下面拼接直接用 hidden_dim，也可以不除以 2，
```

```
    # 下面则对应 2*hidden_dim
    self.lstm = nn.LSTM(embedding_dim, hidden_dim // 2,
                        num_layers=1, bidirectional=True)

    # 将 LSTM 的输出映射到标记空间
    self.hidden2tag = nn.Linear(hidden_dim, self.tagset_size)

    # 转换参数矩阵
    self.transitions = nn.Parameter(
        torch.randn(self.tagset_size, self.tagset_size))

    # 这两个语句强制执行我们从不转移到开始标记的约束
    # 并且我们永远不会从停止标记转移
    self.transitions.data[tag_to_ix[START_TAG], :] = -10000
    self.transitions.data[:, tag_to_ix[STOP_TAG]] = -10000

    self.hidden = self.init_hidden()
```

接着，我们会经过 Embedding 和 BiLSTM 得到 CRF 层之前的发射分数，代码如下：

```
def _get_lstm_features(self,sentence):
    # 初始化
    self.hidden = self.init_hidden()
    # 得到 Embedding 向量
    embeds = self.word_embeds(sentence).view(len(sentence), 1, -1)
    # 输入到 BiLSTM 中
    lstm_out, self.hidden = self.lstm(embeds, self.hidden)
    # 拼接两个方向的维度
    lstm_out = lstm_out.view(len(sentence), self.hidden_dim)
    # 得到发射分数
    lstm_feats = self.hidden2tag(lstm_out)
    return lstm_feats
```

当给定一个序列时，我们用来计算该句子的得分，这里用来计算上述损失函数的分子，代表的是真实路径分数。代码如下：

```
def _score_sentence(self, feats, tags):
    # 给定一个序列时计算得分
    score = torch.zeros(1)
    tags = torch.cat([torch.tensor([self.tag_to_ix[START_TAG]], dtype=
torch.long), tags])
    for i, feat in enumerate(feats):
        score = score + \
            self.transitions[tags[i + 1], tags[i]] + feat[tags[i + 1]]
    score = score + self.transitions[self.tag_to_ix[STOP_TAG], tags[-1]]
    return score
```

接下来使用积聚方法计算所有路径的总分，代码如下：

```
def _forward_alg(self, feats):
```

```
# 使用前向算法来计算分区函数
init_alphas = torch.full((1, self.tagset_size), -10000.)
# START_TAG 包含所有得分
init_alphas[0][self.tag_to_ix[START_TAG]] = 0.

# 包装一个变量，以便我们获得自动反向提升
forward_var = init_alphas

# 通过句子迭代
for feat in feats:
    alphas_t = []
    for next_tag in range(self.tagset_size):
        # 广播发射得分：无论以前的标记是怎样的都是相同的
        emit_score = feat[next_tag].view(
            1, -1).expand(1, self.tagset_size)
        # trans_score 的第 i 个条目是从 i 转换到 next_tag 的分数
        trans_score = self.transitions[next_tag].view(1, -1)
        # next_tag_var 的第 i 个条目是我们执行 log-sum-exp 之前的边（i ->
        # next_tag）的值
        next_tag_var = forward_var + trans_score + emit_score
        # 此标记的转发变量是所有分数的 log-sum-exp
        alphas_t.append(log_sum_exp(next_tag_var).view(1))
    forward_var = torch.cat(alphas_t).view(1, -1)
terminal_var = forward_var + self.transitions[self.tag_to_ix[STOP_TAG]]
alpha = log_sum_exp(terminal_var)
return alpha
```

我们将上述方法合并成一个函数，代码如下：

```
def neg_log_likelihood(self, sentence, tags):
    feats = self._get_lstm_features(sentence)
    forward_score = self._forward_alg(feats)
    gold_score = self._score_sentence(feats, tags)
    return forward_score - gold_score
```

当我们训练完的时候，会进入到预测模块，这时候会使用到维特比算法。另外，我们在 forward 函数里进行运用，这里和其他 PyTorch 网络有一定差别。在此之前，我们都是通过 forward 函数来进行反向传播，而这里是用 neg_log_likelihood 来计算 loss 进行反向传播，forward 函数是预测时才进行调用，这里请注意不要混淆。代码如下：

```
def _viterbi_decode(self, feats):
    backpointers = []

    # Initialize the viterbi variables in log space
    init_vvars = torch.full((1, self.tagset_size), -10000.)
    init_vvars[0][self.tag_to_ix[START_TAG]] = 0

    # forward_var at step i holds the viterbi variables for step i-1
    forward_var = init_vvars
```

```
for feat in feats:
    bptrs_t = []
    viterbivars_t = []

    for next_tag in range(self.tagset_size):
        # next_tag_var [i] 保存上一步的标签 i 的维特比变量
        # 加上从标签 i 转换到 next_tag 的分数
        # 这里不包括 emission 分数，因为最大值不依赖于它们（我们在下面添加它们）
        next_tag_var = forward_var + self.transitions[next_tag]
        best_tag_id = argmax(next_tag_var)
        bptrs_t.append(best_tag_id)
        viterbivars_t.append(next_tag_var[0][best_tag_id].view(1))
    # 现在添加 emission 分数，并将 forward_var 分配给刚刚计算的维特比变量集
    forward_var = (torch.cat(viterbivars_t) + feat).view(1, -1)
    backpointers.append(bptrs_t)

# 过渡到 STOP_TAG
terminal_var = forward_var + self.transitions[self.tag_to_ix[STOP_TAG]]
best_tag_id = argmax(terminal_var)
path_score = terminal_var[0][best_tag_id]

# 按照后退指针解码最佳路径
best_path = [best_tag_id]
for bptrs_t in reversed(backpointers):
    best_tag_id = bptrs_t[best_tag_id]
    best_path.append(best_tag_id)
# 弹出开始标记（我们不想将其返回给调用者）
start = best_path.pop()
assert start == self.tag_to_ix[START_TAG]
best_path.reverse()
return path_score, best_path
def forward(self, sentence):
    # 获取 BiLSTM 的 emission 分数
    lstm_feats = self._get_lstm_features(sentence)

    # 根据功能，找到最佳路径
    score, tag_seq = self._viterbi_decode(lstm_feats)
    return score, tag_seq
```

12.5 开始训练

我们把上述代码块一起包装到一个类中，名字叫作 BiLSTM_CRF。在训练之前，我们先定义超参数，比如 Embedding 的维度为 5，hidden 的维度为 4，训练轮数为 300。由于只是样本数据，这

里只构建两个以方便举例，并且将每个句子每个单词转换成索引。定义好模型和优化器，代码如下：

```
START_TAG = "<START>"
STOP_TAG = "<STOP>"
EMBEDDING_DIM = 5
HIDDEN_DIM = 4

# 弥补一些训练数据
training_data = [(
    "the wall street journal reported today that apple corporation made
money".split(),
    "B I I I O O O B I O O".split()
), (
    "georgia tech is a university in georgia".split(),
    "B I O O O O B".split()
)]

word_to_ix = {}
for sentence, tags in training_data:
    for word in sentence:
        if word not in word_to_ix:
            word_to_ix[word] = len(word_to_ix)

tag_to_ix = {"B": 0, "I": 1, "O": 2, START_TAG: 3, STOP_TAG: 4}
model = BiLSTM_CRF(len(word_to_ix), tag_to_ix, EMBEDDING_DIM, HIDDEN_DIM)
optimizer = optim.SGD(model.parameters(), lr=0.01, weight_decay=1e-4)
```

如何来判断模型的训练效果呢？这里用了一个比较简单的方法，就是训练开始之前，先将数据投入模型中，看看模型还没学习前的效果有多差，然后训练结束后，再进行同样的操作，以此来形成前后对比，所以这里我们先进行一次输入。代码如下：

```
# 在训练前检查预测
with torch.no_grad():
    precheck_sent = prepare_sequence(training_data[0][0], word_to_ix)
    precheck_tags = torch.tensor([tag_to_ix[t] for t in training_data[0]
                                  [1]], dtype=torch.long)
    print(model(precheck_sent))
```

输出结果如下：

```
(tensor(2.6907), [1, 2, 2, 2, 2, 2, 2, 2, 2, 2, 1])
```

开始训练，代码如下：

```
# 确保加载 LSTM 部分中较早的 prepare_sequence
for epoch in range(300):  # 因为只是个小样本数据，这里轮数可以自行设定，不用很大
    for sentence, tags in training_data:
        # 步骤（1）要记住，PyTorch 积累了梯度
        # 清理梯度
        model.zero_grad()
```

```
# 步骤（2）为网络准备的输入，即将它们转换为单词索引的张量
sentence_in = prepare_sequence(sentence, word_to_ix)
targets = torch.tensor([tag_to_ix[t] for t in tags], dtype=
                            torch.long)

# 步骤（3）向前运行
loss = model.neg_log_likelihood(sentence_in, targets)

# 步骤（4）通过调用 optimizer.step 来计算损失、梯度和更新参数
loss.backward()
optimizer.step()
```

训练完成后，我们再进行一次输入，来判断学习效果。代码如下：

```
# 训练后检查预测
with torch.no_grad():
    precheck_sent = prepare_sequence(training_data[0][0], word_to_ix)
    print(model(precheck_sent))
```

前后结果对比如下：

```
(tensor(2.6907), [1, 2, 2, 2, 2, 2, 2, 2, 2, 2, 1])
(tensor(20.4906), [0, 1, 1, 1, 2, 2, 2, 0, 1, 2, 2])
```

我们结合实际句子和标签，可以看到模型没训练之前，打标签的效果很差，甚至还出现 O 类别后面直接带 I 的情况，而训练 300 轮后，模型预测标签和实际标签已经相当接近，模型效果明显。

```
Sentence: the wall street journal reported today that apple corporation
made money
True label: B I I I O O O B I O O
Before training: I O O O O O O O O O I
After training: B I I I O O O B I O O
```

12.6 总结

本章首先介绍 NER 背景，然后通过介绍 LSTM 和 CRF 模型及它们在 PyTorch 中的使用方式，通过 BiLSTM 和 CRF 的叠加构造要训练的网络，输入小样本数据进行训练，最后展示了结果。

第13章

基于AG_NEWS的文本分类

文本分类具有广泛的应用,使用场景包括广告文本识别、文本情感极性和新闻文本分类等。文本分类问题也是自然语言处理问题中比较基础的问题,它涉及了文本的预处理和文本的编码,学习完文本分类之后,可以为后续的序列标注类任务打下基础。本章将从四个方面讲解基于 AG_NEWS 的文本分类:数据预处理、准备模型、训练模型及评估和测试模型。

13.1 数据预处理

AG_NEWS 数据集是一个包含了 100 多万篇文章的集合。学术社区为了数据挖掘、信息检索、数据压缩等方面的学术研究整理了这个数据集。AG_NEWS 数据集有 4 个标签，所以模型中类别的数量是 4。这 4 个标签分别是 World、Sports、Business 和 Sci/Tec。

13.1.1 原始数据迭代器

torchtext 库提供了一些原始数据迭代器，这些迭代器可以查看原始的字符串数据。例如，AG_NEWS 数据集迭代器可以生成包含文本和标签的元组。代码如下：

```
import torch
from torchtext.datasets import AG_NEWS
train_iter = AG_NEWS(split='train')
next(train_iter)
```

输出的结果是一个元组，元组中第一个元素是标签，第二个是文本内容。标签 3 表示文本的类别为 Basiness。

```
(3, "Wall St. Bears Claw Back Into the Black (Reuters) Reuters -Short-
sellers, Wall Street's dwindling\\band of ultra-cynics, are seeing green
again.")
```

13.1.2 数据处理

下面的例子是一个典型的包含序列化和词典生成的自然语言数据处理过程。

首先，使用原始的训练数据生成一个词典。这里使用内置的工厂函数 build_vocab_from_iterator。用户也可以传入其他想加入词典的特殊符号。代码如下：

```
from torchtext.data.utils import get_tokenizer
from torchtext.vocab import build_vocab_from_iterator
tokenizer = get_tokenizer('basic_english')
train_iter = AG_NEWS(split='train')
def yield_tokens(data_iter):
    for _, text in data_iter:
        yield tokenizer(text)
vocab = build_vocab_from_iterator(yield_tokens(train_iter), specials=
["<unk>"])
vocab.set_default_index(vocab["<unk>"])
```

然后，词典就可以把字符列表转换为整数列表。代码如下：

```
vocab(['here', 'is', 'an', 'example'])
```

输出结果如下：

```
[475, 21, 30, 5286]
```

使用序列化工具和词典来准备文本处理通道。代码如下：

```
text_pipeline = lambda x: vocab(tokenizer(x))
label_pipeline = lambda x: int(x) - 1
```

基于词典中定义的查找表，文本处理通道把文本字符串转换为整数列表。列标处理通道把列标转换为整数。例如以下代码：

```
text_pipeline('here is the an example')
```

输出结果如下：

```
 [475, 21, 2, 30, 5286]
```

再如以下代码：

```
label_pipeline('10')
```

输出结果如下：

```
9
```

建议 PyTorch 用户使用 torch.utils.data.DataLoader。它与实现 getitem 和 len 协议的词典数据集一起使用，并表示从索引到数据样本的映射。它还适用于 shuffle 参数为 False 的可迭代数据集。

在传入模型之前，collate_fn 函数会处理从 DataLoader 生成的一批样本数据。collate_fn 函数的输入是 DataLoader 中的一批数据，而且 collate_fn 函数会基于之前定义的数据处理通道来处理这些数据。

在这个例子中，一批在原始数据中的文本文章会打包为一个列表，然后连接成一个张量，作为 nn.EmbeddingBag 的输入。代码如下：

```
from torch.utils.data import DataLoader
device = torch.device("cuda" if torch.cuda.is_available() else "cpu")

def collate_batch(batch):
    label_list, text_list, offsets = [], [], [0]
    for (_label, _text) in batch:
        label_list.append(label_pipeline(_label))
        processed_text = torch.tensor(text_pipeline(_text), dtype=
                                      torch.int64)
        text_list.append(processed_text)
        offsets.append(processed_text.size(0))
    label_list = torch.tensor(label_list, dtype=torch.int64)
```

```
    offsets = torch.tensor(offsets[:-1]).cumsum(dim=0)
    text_list = torch.cat(text_list)
    return label_list.to(device), text_list.to(device), offsets.to(device)

train_iter = AG_NEWS(split='train')
dataloader = DataLoader(train_iter, batch_size=8, shuffle=False, collate_
                        fn=collate_batch)
```

13.2 准备模型

文本分类模型是由 PyTorch 库中的 nn.EmbeddingBag 层和一个用于分类的线性连接层组成。nn.EmbeddingBag 在默认状态下计算所有词向量的平均值。虽然，文本文章有不同的长度，但是 nn.EmbeddingBag 模型不需要填充，因为文本的长度保存在偏移量中了。图 13-1 中的 EmbeddingBag 指的就是 PyTorch 库中的 nn.EmbeddingBag。下面将定义文本分类模型，主要包括初始化函数、初始化模型参数函数和前馈函数。代码如下：

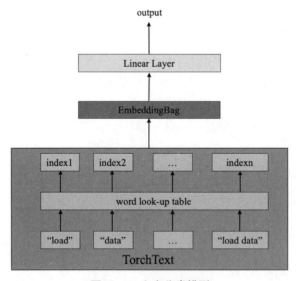

图13-1　文本分类模型

```
from torch import nn

class TextClassificationModel(nn.Module):

    def __init__(self, vocab_size, embed_dim, num_class):
        super(TextClassificationModel, self).__init__()
```

```
        self.embedding = nn.EmbeddingBag(vocab_size, embed_dim,
                           sparse=True)
        self.fc = nn.Linear(embed_dim, num_class)
        self.init_weights()

    def init_weights(self):
        initrange = 0.5
        self.embedding.weight.data.uniform_(-initrange, initrange)
        self.fc.weight.data.uniform_(-initrange, initrange)
        self.fc.bias.data.zero_()

    def forward(self, text, offsets):
        embedded = self.embedding(text, offsets)
        return self.fc(embedded)
```

13.2.1　初始化一个实例

AG_NEWS 数据集有 4 个列标，所以类别的数量是 4。列标 1 表示文本类别为 World，列标 2 代表文本类别为 Sports，列标 3 代表文本类别为 Business，列标 4 代表文本类别为 Sci/Tec。

```
1 : World
2 : Sports
3 : Business
4 : Sci/Tec
```

创建一个词向量维度为 64 的模型。vocad_size 词典的大小等于词典中词的数量，num_class 类别的数量等于列标的数量。基于以上几个参数，创建一个文本分类模型，代码如下：

```
train_iter = AG_NEWS(split='train')
# num_class 表示类别的数量
num_class = len(set([label for (label, text) in train_iter]))
# vocab_size 表示词典的大小
vocab_size = len(vocab)
# emsize 表示词向量的长度
emsize = 64
model = TextClassificationModel(vocab_size, emsize, num_class).to(device)
```

13.2.2　定义函数训练和评估模型

分别定义 train 函数和 evaluate 函数，用于训练和评估模型。代码如下：

```
import time
def train(dataloader):
    model.train()
```

```
    total_acc, total_count = 0, 0
    log_interval = 500
    start_time = time.time()

    for idx, (label, text, offsets) in enumerate(dataloader):
        optimizer.zero_grad()
        predited_label = model(text, offsets)
        loss = criterion(predited_label, label)
        loss.backward()
        torch.nn.utils.clip_grad_norm_(model.parameters(), 0.1)
        optimizer.step()
        total_acc += (predited_label.argmax(1) == label).sum().item()
        total_count += label.size(0)
        if idx % log_interval == 0 and idx > 0:
            elapsed = time.time() - start_time
            print('| epoch {:3d} | {:5d}/{:5d} batches '
                    '| accuracy {:8.3f}'.format(epoch, idx, len(dataloader),
                                            total_acc/total_count))
            total_acc, total_count = 0, 0
            start_time = time.time()

def evaluate(dataloader):
    model.eval()
    total_acc, total_count = 0, 0

    with torch.no_grad():
        for idx, (label, text, offsets) in enumerate(dataloader):
            predited_label = model(text, offsets)
            loss = criterion(predited_label, label)
            total_acc += (predited_label.argmax(1) == label).sum().item()
            total_count += label.size(0)
    return total_acc/total_count
```

13.3 训练模型

因为原始的 AG_NEWS 没有测试数据集，我们将数据集拆分为训练集和测试集，其中训练集占 95%，测试集占 5%。这里使用 PyTorch 核心库中的 torch.utils.data.dataset.random_split 来拆分数据。CrossEntropyLoss 在一个类中结合了 nn.LogSoftmax 和 nn.NLLLoss，当想训练一个有多个类别的分类模型的时候非常实用。SGD 作为优化器实现了随机梯度下降。初始的学习率是 5，使用 StepLR 在学习的过程中调整学习率。代码如下：

```
from torch.utils.data.dataset import random_split
```

```
from torchtext.data.functional import to_map_style_dataset
# 超参数
EPOCHS = 10 # 训练的轮数
LR = 5   # 学习率
BATCH_SIZE = 64 # 训练的批大小
# 损失函数
criterion = torch.nn.CrossEntropyLoss()
# 优化器
optimizer = torch.optim.SGD(model.parameters(), lr=LR)
scheduler = torch.optim.lr_scheduler.StepLR(optimizer, 1.0, gamma=0.1)
total_accu = None
train_iter, test_iter = AG_NEWS()
train_dataset = to_map_style_dataset(train_iter)
test_dataset = to_map_style_dataset(test_iter)
# 95% 的训练集数据用作训练集, 5% 的训练集数据用作验证集
num_train = int(len(train_dataset) * 0.95)
split_train_, split_valid_ = \
    random_split(train_dataset, [num_train, len(train_dataset) - num_train])
# 加载训练集数据
train_dataloader = DataLoader(split_train_, batch_size=BATCH_SIZE,
                              shuffle=True, collate_fn=collate_batch)
# 加载验证集数据
valid_dataloader = DataLoader(split_valid_, batch_size=BATCH_SIZE,
                              shuffle=True, collate_fn=collate_batch)
# 加载测试集数据
test_dataloader = DataLoader(test_dataset, batch_size=BATCH_SIZE,
                             shuffle=True, collate_fn=collate_batch)
# 迭代训练模型
for epoch in range(1, EPOCHS + 1):
    # 当前迭代开始时间
    epoch_start_time = time.time()
    # 使用训练集数据训练模型
    train(train_dataloader)
    # 评估模型在验证集上的准确率
    accu_val = evaluate(valid_dataloader)
    if total_accu is not None and total_accu > accu_val:
      scheduler.step()
    else:
       total_accu = accu_val
    print('-' * 59)
    print('| end of epoch {:3d} | time: {:5.2f}s | '
          'valid accuracy {:8.3f} '.format(epoch, time.time() - epoch_
start_time, accu_val))
    print('-' * 59)
```

训练过程的输出结果如下，模型的训练过程迭代了 10 次，最后一次的验证准确率为 91.2%。

```
| epoch   1 |    500/ 1782 batches | accuracy    0.692
| epoch   1 |   1000/ 1782 batches | accuracy    0.854
```

```
| epoch    1 |  1500/ 1782 batches | accuracy     0.877
--------------------------------------------------------------
| end of epoch    1 | time:  8.81s | valid accuracy     0.874
--------------------------------------------------------------
| epoch    2 |   500/ 1782 batches | accuracy     0.896
| epoch    2 |  1000/ 1782 batches | accuracy     0.900
| epoch    2 |  1500/ 1782 batches | accuracy     0.903
--------------------------------------------------------------
| end of epoch    2 | time:  8.80s | valid accuracy     0.894
--------------------------------------------------------------
| epoch    3 |   500/ 1782 batches | accuracy     0.912
| epoch    3 |  1000/ 1782 batches | accuracy     0.915
| epoch    3 |  1500/ 1782 batches | accuracy     0.916
--------------------------------------------------------------
| end of epoch    3 | time:  8.81s | valid accuracy     0.903
--------------------------------------------------------------
| epoch    4 |   500/ 1782 batches | accuracy     0.923
| epoch    4 |  1000/ 1782 batches | accuracy     0.922
| epoch    4 |  1500/ 1782 batches | accuracy     0.923
--------------------------------------------------------------
| end of epoch    4 | time:  8.81s | valid accuracy     0.907
--------------------------------------------------------------
| epoch    5 |   500/ 1782 batches | accuracy     0.930
| epoch    5 |  1000/ 1782 batches | accuracy     0.929
| epoch    5 |  1500/ 1782 batches | accuracy     0.928
--------------------------------------------------------------
| end of epoch    5 | time:  8.79s | valid accuracy     0.903
--------------------------------------------------------------
| epoch    6 |   500/ 1782 batches | accuracy     0.942
| epoch    6 |  1000/ 1782 batches | accuracy     0.943
| epoch    6 |  1500/ 1782 batches | accuracy     0.941
--------------------------------------------------------------
| end of epoch    6 | time:  8.82s | valid accuracy     0.910
--------------------------------------------------------------
| epoch    7 |   500/ 1782 batches | accuracy     0.944
| epoch    7 |  1000/ 1782 batches | accuracy     0.943
| epoch    7 |  1500/ 1782 batches | accuracy     0.944
--------------------------------------------------------------
| end of epoch    7 | time:  8.82s | valid accuracy     0.910
--------------------------------------------------------------
| epoch    8 |   500/ 1782 batches | accuracy     0.944
| epoch    8 |  1000/ 1782 batches | accuracy     0.945
| epoch    8 |  1500/ 1782 batches | accuracy     0.944
--------------------------------------------------------------
| end of epoch    8 | time:  8.80s | valid accuracy     0.910
--------------------------------------------------------------
| epoch    9 |   500/ 1782 batches | accuracy     0.945
| epoch    9 |  1000/ 1782 batches | accuracy     0.947
| epoch    9 |  1500/ 1782 batches | accuracy     0.945
```

```
----------------------------------------------------------------
| end of epoch    9 | time:   8.80s | valid accuracy      0.911
----------------------------------------------------------------
| epoch   10 |    500/ 1782 batches | accuracy     0.946
| epoch   10 |   1000/ 1782 batches | accuracy     0.948
| epoch   10 |   1500/ 1782 batches | accuracy     0.947
----------------------------------------------------------------
| end of epoch   10 | time:   8.82s | valid accuracy      0.912
----------------------------------------------------------------
```

13.4 评估和测试模型

13.4.1 评估模型

在前面已经定义了评估模型准确率的函数 evaluate，下面使用测试集中的数据来计算测试集中的准确率，代码如下：

```
for print('Checking the results of test dataset.')
accu_test = evaluate(test_dataloader)
print('test accuracy {:8.3f}'.format(accu_test))
```

输出结果如下，模型在测试集中的准确率为 90.8%，跟模型在验证集中的表现基本一致。

```
Checking the results of test dataset.
test accuracy     0.908
```

13.4.2 随机新闻测试

下面使用模型来测试一则新闻，代码如下：

```
ag_news_label = {1: "World",
                 2: "Sports",
                 3: "Business",
                 4: "Sci/Tec"}
# 预测函数
def predict(text, text_pipeline):
    with torch.no_grad():
        text = torch.tensor(text_pipeline(text))
        output = model(text, torch.tensor([0]))
        return output.argmax(1).item() + 1
```

```
# 新闻文本
ex_text_str = "MEMPHIS, Tenn. - Four days ago, Jon Rahm was \
    enduring the season's worst weather conditions on Sunday at The \
    Open on his way to a closing 75 at Royal Portrush, which \
    considering the wind and the rain was a respectable showing. \
    Thursday's first round at the WGC-FedEx St. Jude Invitational \
    was another story. With temperatures in the mid-80s and hardly any \
    wind, the Spaniard was 13 strokes better in a flawless round. \
    Thanks to his best putting performance on the PGA Tour, Rahm \
    finished with an 8-under 62 for a three-stroke lead, which \
    was even more impressive considering he'd never played the \
    front nine at TPC Southwind."

model = model.to("cpu")
# 打印预测结果
print("This is a %s news" %ag_news_label[predict(ex_text_str, text_
    pipeline)])
```

这是一个体育新闻，模型预测结果正确，输出结果如下：

```
This is a Sports news
```

13.5 总结

本章首先介绍了 AG_NEWS 数据集和新闻分类任务，然后介绍了如何加载数据及定义模型，最后介绍了模型的训练、评估和测试。文本分类任务的应用范围非常广泛，可以用于文本情感分类、垃圾邮件识别和新闻自动分类领域。

第14章

基于 BERT 的文本分类

文本分类问题有很多模型,包括朴素贝叶斯、决策树、随机森林、支持向量机和一些神经网络模型。本章介绍基于 BERT(Bidirectional Encoder Representations from Transformers)的文本分类。

谷歌在 2018 年提出了 BERT 模型，这个模型引入了 Masked LM（Language Model）解决了基于双向循环神经网络的语言模型在进行训练的时候会"自己看到自己"的问题，通过引入下一个句子预测任务，增强了模型的语义理解能力，从而实现了更好的文本分类效果。

在多个自然语言处理基准数据集上，BERT 模型取得了最好的效果。图 14-1 中第一行为基准数据集，分别是 MNLI（Multi-Genre Natural Language Inference，多类型自然语言推理）、QQP（Quora Question Pairs，Quora 问题对）、QNLI（Question-answering NLI，问答自然语言推断）、SST-2（Stanford Sentiment Treebank，斯坦福情感树库）、CoLA（Corpus of Linguistic Acceptability，句子语言性判断）、STS-B（Semantic Textual Similarity，语义相似）、MRPC（Microsoft Research Paraphrase Corpus，微软研究院释义语料库）和 RTE（Recognizing Textual Entailment，识别文本蕴含）。图 14-1 中第一列为模型名称，其中前三个是 BERT 对比的模型，后两个为在不同数据集上训练的 BERT 模型。

System	MNLI-(m/mm) 392k	QQP 363k	QNLI 108k	SST-2 67k	CoLA 8.5k	STS-B 5.7k	MRPC 3.5k	RTE 2.5k	Average -
Pre-OpenAI SOTA	80.6/80.1	66.1	82.3	93.2	35.0	81.0	86.0	61.7	74.0
BiLSTM+ELMo+Attn	76.4/76.1	64.8	79.8	90.4	36.0	73.3	84.9	56.8	71.0
OpenAI GPT	82.1/81.4	70.3	87.4	91.3	45.4	80.0	82.3	56.0	75.1
BERT$_{BASE}$	84.6/83.4	71.2	90.5	93.5	52.1	85.8	88.9	66.4	79.6
BERT$_{LARGE}$	**86.7/85.9**	**72.1**	**92.7**	**94.9**	**60.5**	**86.5**	**89.3**	**70.1**	**82.1**

图14-1　BERT 模型在基准数据集上的表现

PyTorch 的 transformers 库已经对 BERT 及 BERT 衍生出来的模型做了很好的实现，所以本章的内容就是使用 transformers 库来实现 BERT 模型。transformers 不仅实现了 BERT 及其他模型，而且有预训练的模型参数，可以非常方便地用来完成各种自然语言处理任务。

14.1 transformers数据处理

transformers 包括序列化工具，其中一个主要的工具称为 tokenizer。tokenizer 首先会把文本拆分为单词，通常称为 token；然后会把这些 token 转换为数字，方便下一步再转换为张量。转换为张量之后，就可以作为模型的输入了。

14.1.1　加载预训练的序列化工具

使用 from_pretrained() 函数可以自动下载预训练模型或者微调模型使用的词典。预训练模型的优点是模型已经在比较大的数据集上训练过，模型的参数可以直接使用或是作为初始参数进一步微调。代码如下：

```
from transformers import AutoTokenizer
tokenizer = AutoTokenizer.from_pretrained('bert-base-cased')
```

14.1.2　基本用法

直接将句子作为输入给 tokenizer，就可以返回编码之后的输入，例如：

```
encoded_input = tokenizer("Hello, I'm a single sentence!")
print(encoded_input)
```

输出结果如下：

```
{'input_ids': [101, 138, 18696, 155, 1942, 3190, 1144, 1572, 13745, 1104,
 159, 9664, 2107, 102],
 'token_type_ids': [0, 0, 0, 0, 0, 0, 0, 0, 0, 0, 0, 0, 0, 0],
 'attention_mask': [1, 1, 1, 1, 1, 1, 1, 1, 1, 1, 1, 1, 1, 1]}
```

其中，input_ids 对应的是每一个 token 在词典中的索引，token_type_ids 和 attention_mask 将会在后续的内容中讲解。

tokenizer 也可以用来解码，将编码后的内容还原为句子。代码如下：

```
tokenizer.decode(encoded_input["input_ids"])
```

输出结果如下：

```
"[CLS] Hello, I'm a single sentence! [SEP]"
```

可以从输出的结果看出，tokenizer 添加了一些模型需要使用的特殊符号。并不是所有的模型都需要这些特殊符号，如果想禁用可以添加如下参数：

```
add_special_tokens=False
```

如果有一系列的句子需要处理，可以将这些句子组成的列表作为参数传给 tokenizer。代码如下：

```
batch_sentences = ["Hello I'm a single sentence",
                   "And another sentence",
                   "And the very very last one"]
encoded_inputs = tokenizer(batch_sentences)
print(encoded_inputs)
```

输出结果如下：

```
{'input_ids': [[101, 8667, 146, 112, 182, 170, 1423, 5650, 102],
               [101, 1262, 1330, 5650, 102],
               [101, 1262, 1103, 1304, 1304, 1314, 1141, 102]],
 'token_type_ids': [[0, 0, 0, 0, 0, 0, 0, 0, 0],
                    [0, 0, 0, 0, 0],
                    [0, 0, 0, 0, 0, 0, 0, 0]],
```

```
'attention_mask': [[1, 1, 1, 1, 1, 1, 1, 1, 1],
                   [1, 1, 1, 1, 1],
                   [1, 1, 1, 1, 1, 1, 1, 1]]}
```

这样使用可以得到一个字典，只是字典的值是数字列表的列表。

如果是为了处理一系列的句子，然后传递给模型，那么还需要做到以下几个方面：假如句子比较短，需要填充句子到最大长度；假如句子长度超过最大长度，需要截断句子到可以接受的最大长度；返回模型需要的张量。通过增加以下参数给 tokenizer 可以达到这个效果。

```
batch = tokenizer(batch_sentences, padding=True, truncation=True,
return_tensors="pt")
print(batch)
```

输出结果如下：

```
{'input_ids': tensor([[ 101, 8667,  146,  112,  182,  170, 1423, 5650,  102],
                      [ 101, 1262, 1330, 5650,  102,    0,    0,    0,    0],
                      [ 101, 1262, 1103, 1304, 1304, 1314, 1141,  102,    0]]),
 'token_type_ids': tensor([[0, 0, 0, 0, 0, 0, 0, 0, 0],
                           [0, 0, 0, 0, 0, 0, 0, 0, 0],
                           [0, 0, 0, 0, 0, 0, 0, 0, 0]]),
 'attention_mask': tensor([[1, 1, 1, 1, 1, 1, 1, 1, 1],
                           [1, 1, 1, 1, 1, 0, 0, 0, 0],
                           [1, 1, 1, 1, 1, 1, 1, 1, 0]])}
```

这一次返回的还是字典，其中字典的键是字符，值是张量。在这里就可以看出 attention_mask 的作用，它指出了哪些 token 模型应该关注，哪些不需要关注。不需要关注的那些是起填充作用的。

14.2 微调预训练模型

在 PyTorch 中没有通用的训练循环，所以 transformers 库提供了一个 Trainer 类来微调一个预训练模型或者从头开始训练一个模型。

14.2.1 数据集介绍和处理

这个模型要完成的是文本分类任务，使用的是 IMDB 数据集。IMDB 数据集是一个情感分类数据集，包含 5 万条电影评论，这些评论被标记为正面评论或者负面评论。

前面已经介绍了数据处理，所以这里载入数据的介绍会比较简单。可以使用 load_dataset 来下载和缓存数据集到本地。代码如下：

```
from datasets import load_dataset
raw_datasets = load_dataset("imdb")
```

raw_datasets 是一个包含三个键的字典，这三个键是 "train"、"test" 和 "unsupervised"，其中 "train" 用于训练模型，"test" 用于测试模型。

下一步要序列化数据，代码如下：

```
from transformers import AutoTokenizer
tokenizer = AutoTokenizer.from_pretrained("bert-base-cased")
```

转换为模型需要的张量，还需要做以下处理：

```
inputs = tokenizer(sentences, padding="max_length", truncation=True)
```

这样可以让所有的样本都有相同的最大长度，如果比最大长度短就进行填充，如果比最大长度长就进行截断。

进一步，还可以用 map 函数把这些处理步骤一次性完成。代码如下：

```
def tokenize_function(examples):
    return tokenizer(examples["text"], padding="max_length",
                     truncation=True)

tokenized_datasets = raw_datasets.map(tokenize_function, batched=True)
```

为了能够更快地训练，可以从数据集中取一个小的子集。代码如下：

```
small_train_dataset = tokenized_datasets["train"].shuffle(seed=42).select
                      (range(1000))
small_eval_dataset = tokenized_datasets["test"].shuffle(seed=42).select
                     (range(1000))
full_train_dataset = tokenized_datasets["train"]
full_eval_dataset = tokenized_datasets["test"]
```

在下面的训练过程中都使用小的子集，如果想使用完整数据集，直接替换一下就可以了。

14.2.2　导入模型

从 transformers 库中导入 AutoModelForSequenceClassification 模型，这个模型是用于序列数据分类的。代码如下：

```
from transformers import AutoModelForSequenceClassification
model = AutoModelForSequenceClassification.from_pretrained("bert-base-
cased", num_labels=2)
```

这样会发出警告，提示有一些未使用的权重和一些随机初始化的权重。这是因为这个模型丢弃了 BERT 模型预训练头，取代它的是随机初始化的用于分类任务的头。

14.2.3　定义训练器

为了定义一个训练器，首先需要实例化一个 TrainingArguments。TrainingArguments 包含所有可以调整训练器的超参数，用来支持不同的训练选项。下面先使用默认的参数，只提供一个保持训练检查点（checkpoints）的文件位置。代码如下：

```
from transformers import TrainingArguments
training_args = TrainingArguments("test_trainer")
```

接下来，就可以实例化一个训练器。代码如下：

```
from transformers import Trainer
trainer = Trainer(
model=model,args=training_args,train_dataset=small_train_dataset,eval_
dataset=small_eval_dataset
)
```

微调这个模型，只需要调用 train 函数。代码如下：

```
trainer.train()
```

这样就可以开始训练了，而且可以通过进度条查看训练进度，如果使用 GPU 则几分钟就可以完成训练。但是，模型现在还不能输出准确率等信息，默认情况下，在训练过程中没有测试。下面开始实现模型的性能度量。

为了让训练器计算和报告指标，需要给它提供计算指标函数，这个函数接收预测的标签和实际的标签；然后返回一个字典，字典的键是性能的名称，字典的值是对应的指标数值。数据集库提供了一种使用 load_metric 来获取自然语言处理中常用指标的简单方法。这里只使用精度，然后定义一个 compute_metrics 函数，它将 logits 转换为预测结果，并将预测结果提供给指标。

```
import numpy as np
from datasets import load_metric
metric = load_metric("accuracy")
def compute_metrics(eval_pred):
    logits, labels = eval_pred
    predictions = np.argmax(logits, axis=-1)
    return metric.compute(predictions=predictions, references=labels)
```

计算函数接收一个 logits 和 labels 组成的元组，然后返回一个字典，这个字典的键是性能指标的名称，字典的值是对应键的数值。我们创建一个新的训练器来微调模型，代码如下：

```
trainer = Trainer(
    model=model,
    args=training_args,
    train_dataset=small_train_dataset,
    eval_dataset=small_eval_dataset,
    compute_metrics=compute_metrics,
```

```
)
trainer.evaluate()
```

最后显示出精度是 87.5%，模型取得了比较好的效果。

 ## 14.3 总结

本章首先介绍了简单易用的 transformers 库和电影评论情感分类任务，然后介绍了如何使用 transformers 加载数据及预训练模型，最后介绍了模型的微调和测试。transformers 库目前获得了很高的关注，可以比较简单地完成自然语言处理领域的多种任务。

第15章

文本翻译

　　文本翻译是指用机器将一种语言自动翻译成另外一种语言，传统的文本翻译一般采取基于规则或基于词组统计规律的方法。随着深度技术的发展，神经网络翻译技术开始兴起，与传统方法不同，神经网络翻译首先将源语言句子向量化，转成计算机可以理解的形式，再生成另一种语言的译文，这种方法和人类做法类似。本章首先介绍文本翻译的原理，接着介绍如何在 PyTorch 中训练翻译模型。

15.1 Seq2Seq网络

Seq2Seq 网络是神经网络进行翻译的基本方法，也叫作 Encoder-Decoder，在介绍该模型之前，先来看图 15-1 中原始的 N VS N RNN 结构。该结构要求输入序列和输出序列等长，然而遇到的大部分问题序列都是不等长的，比如，本章的文本翻译问题，源语言和目标语言句子往往没有相同的长度。

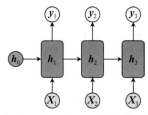

图15-1　N VS N RNN结构

Seq2Seq 模型可以有效地解决输入序列和输出序列不等长问题。详细来说，Seq2Seq 模型会先将输入序列 Seq 用 Encoder 编码为一个上下文向量 c，再用 Decoder 对 c 进行解码，将其转换为序列。对应文本翻译中的理解就是，输入的句子被编码成向量 c，这里 c 可以理解为模型对句子的学习或者内在含义，再利用 Decoder 解码 c，生成翻译后的句子。

那我们如何得到上下文向量 c 呢？如图 15-2 所示，最简单的方法是将 Encoder 最后隐藏状态直接当作 c，也可对最后隐藏状态做线性变换得到 c，还可拼接所有隐藏状态，再做变换。

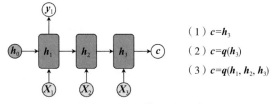

（1）$c = h_3$
（2）$c = q(h_3)$
（3）$c = q(h_1, h_2, h_3)$

图15-2　计算 c 的方法

得到上下文向量之后，用 Decoder 将其解码，这也是另外一个 RNN 网络，具体做法是将 c 作为初始隐藏状态 h_0 输入 RNN 网络中，如图 15-3 所示。

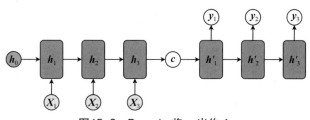

图15-3　Decoder将 c 当作 h_0

这种 Seq2Seq 网络由于没有对序列长度要求等长，所以应用范围非常广，比如，常见的文本翻译；文本摘要，输入一个章节或者段落，提炼出摘要信息；阅读理解，对文章和问题分别编码，再利用解码得到答案；语音识别，输入是语音，输出是文字。

15.2 注意力机制Attention

注意力机制最近几年在深度学习各个领域被广泛使用，无论是在图像处理、语音识别，还是在自然语言处理的各种不同类型任务中，都容易遇到。从注意力机制的命名方式来看，很明显借鉴了人类的注意力想法，即看到一张图片或者一句话时，会有侧重点地注意到局部，而不是对整体都有一样的注意力。

图 15-3 所示的框架没有体现出注意力机制，可以把它当作注意力不集中的分心模型，为什么说是注意力不集中的呢？首先，我们观察下目标句子中每个单词的生成过程，如下：

$$y_1 = f(c)$$
$$y_2 = f(c, y_1)$$
$$y_3 = f(c, y_1, y_2)$$

f 是指 Decoder 中的非线性函数，可以看到，在生成每个单词时用到的上下文向量 c 是一样的，没有任何区别。c 是通过 Encoder 生成的，也就是无论生成哪个 y_i，原句中每个单词对其影响力都相同，就像人眼看到的东西没有任何焦点一样。

下面我们用文本翻译举个例子，原句为 "Tom chase Jerry"，翻译成目标句子为 "汤姆 追逐 杰瑞"，在翻译 "杰瑞" 时，如果原句每个单词在翻译时对 "杰瑞" 的注意力相同，显然是不太合理的，应该是在翻译时单词 "Jerry" 对 "杰瑞" 影响较大。这也就是 Attention 机制存在的理由。

对于上面的例子，翻译 "杰瑞" 时，Attention 模块应该能学到一个概率分布值：（Tom，0.3）（chase，0.2）（Jerry，0.5）。每个单词对应一个注意力大小，可以看到 "Jerry" 的权值较大。同理，翻译目标句子中的每个单词时，应该都能学到类似的分布，这意味着生成每个单词时，原先用的相同的语义向量 c 会被替换成随目标单词而变换的 c_i，如图 15-4 所示。

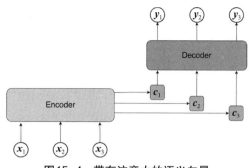

图15-4　带有注意力的语义向量

对应公式如下：

$$y_1 = f(c_1)$$
$$y_2 = f(c_2, y_1)$$
$$y_3 = f(c_3, y_1, y_2)$$

那么每个 c_i 是如何得到的呢？原先的分心模型应该是权重都为 1 与每个 Encoder 隐藏状态的加权，因为没有偏重，现在应该是得到的 Attention 概率分布与每个 Encoder 隐藏状态加权，即公式如下，L_x 代表句子长度，a 表示 Attention 概率分布，h 表示隐藏状态：

$$c_i = \sum_{j=1}^{L_x} a_{ij} h_j$$

所以 c_1、c_2、c_3 应该对应如下：

$$c_{汤姆} = g\left(0.6 * h(\text{Tom}), 0.2 * h(\text{Chase}), 0.2 * h(\text{Jerry})\right)$$
$$c_{追逐} = g(0.2 * h(\text{Tom}), 0.7 * h(\text{Chase}), 0.1 * h("Jerry"))$$
$$c_{杰瑞} = g(0.3 * h(\text{Tom}), 0.2 * h(\text{Chase}), 0.5 * h("Jerry"))$$

其中，h 代表得到 Encoder 隐藏状态的变换函数；g 代表对元素进行加权求和。

那么 a 的值是如何学习到的呢？比方说 c_1 对应的是 (0.6,0.2,0.2)，这里实际上是通过在神经网络里定义一个层，让网络更新权重学习得到，并且由于是概率分布，所以应该和为 1，可以通过 Softmax 来实现这个约束。

15.3　准备数据

该项目的数据是成千上万的英语到法语的翻译对的集合。Tatoeba 的数据源网页提供了下载，但数据格式比较复杂，有人做了额外的拆分工作，将语言对分成单独的文本文件，可以在 PyTorch

官网自行下载 tutorial 的数据集。将下载后的文件解压后得到 eng-fra.txt 文件，该文件是以制表符 \t 分隔的翻译对列表，数据样本如下：

```
I am cold.    J'ai froid.
```

与第 4 章文本生成利用到的字符级 RNN(将每个字母进行 one-hot 向量表示) 类似，本章是将每个单词表示为 one-hot，单词是本次的最小单元，由于语言中可能存在上千的单词量，所以编码代价很大，对此，我们会修剪数据，只用到高频的几千个词汇。另外，我们会用到第 11 章 Embedding 的知识进行编码，实现降维。

我们需要对每个单词构建唯一索引，以便稍后用作网络的输入和目标，如图 15-5 所示。为了跟踪这些情况，我们写下一个辅助类名叫 Lang，它具有 word → index（word2index）和 index → word（index2word）的字典，以及稍后用于替换稀有单词的每个单词 word2count 的计数。

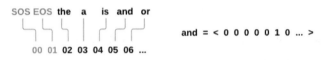

图15-5　word→index

上述构建单词索引的代码如下：

```
# 常见包的导入
from __future__ import unicode_literals, print_function, division
from io import open
import unicodedata
import string
import re
import random

import torch
import torch.nn as nn
from torch import optim
import torch.nn.functional as F

device = torch.device("cuda" if torch.cuda.is_available() else "cpu")

SOS_token = 0 # 开始标志位
EOS_token = 1 # 结束标志位


class Lang:
    def __init__(self, name):# 输入英语或者法语
        self.name = name
        self.word2index = {} # 用来将单词转成索引
        self.word2count = {} # 用来计数
        self.index2word = {0: "SOS", 1: "EOS"}
```

```
        self.n_words = 2  # 已有 SOS 和 EOS

    def addSentence(self, sentence):
        for word in sentence.split(' '):
            self.addWord(word)

    def addWord(self, word):
        # 如果当前字典还没有出现过
        if word not in self.word2index:
            self.word2index[word] = self.n_words
            self.word2count[word] = 1
            self.index2word[self.n_words] = word
            self.n_words += 1
        # 已出现的单词加 1
        else:
            self.word2count[word] += 1
```

下载好的 eng-fra.txt 文件是 Unicode 编码的，也就是存在如 "J'ai gagné!" 等不是常见 ASCII 编码的格式，因此需要将其进行转换，同时使所有内容都转换成小写形式，并去掉大多数标点符号，方便接下来的模型训练。代码如下：

```
# 将 Unicode 字符串转换为 ASCII 编码
def unicodeToAscii(s):
    return ''.join(
        c for c in unicodedata.normalize('NFD', s)
        if unicodedata.category(c) != 'Mn'
    )

# 小写形式，修剪和删除非字母字符
def normalizeString(s):
    s = unicodeToAscii(s.lower().strip())
    s = re.sub(r"([.!?])", r" \1", s)
    s = re.sub(r"[^a-zA-Z.!?]+", r" ", s)
    return s
```

接下来，我们需要读取数据文件，将文件拆分为行，然后将行拆分成对，文件呈现的是英语到法语的转换，如果想进行法语到英语的转换，可以添加 reverse 标志来进行反转对。代码如下：

```
def readLangs(lang1, lang2, reverse=False):
    print("Reading lines...")

    # 读取文件并分成几行
    lines = open('data/%s-%s.txt' % (lang1, lang2), encoding='utf-8').\
        read().strip().split('\n')

    # 将每一行拆分成对并进行标准化
    pairs = [[normalizeString(s) for s in l.split('\t')] for l in lines]
```

```
    # 反转对，使 Lang 实例
    if reverse:
        pairs = [list(reversed(p)) for p in pairs]
        input_lang = Lang(lang2)
        output_lang = Lang(lang1)
    else:
        input_lang = Lang(lang1)
        output_lang = Lang(lang2)

    return input_lang, output_lang, pairs
```

由于文件中存在很多例句，我们要想进行快速训练，这里需要进行两方面的过滤，一是超过我们指定的最大长度 10（包括结束的标点符号）则去掉，二是筛选出以"我是""他是"等常见形式的句子。代码如下：

```
# 最大长度
MAX_LENGTH = 10
# 考虑到撇号被我们去掉了，这里将变换后的情况也考虑进去
eng_prefixes = (
    "i am ", "i m ",
    "he is", "he s ",
    "she is", "she s ",
    "you are", "you re ",
    "we are", "we re ",
    "they are", "they re "
)

# 从两方面进行过滤
def filterPair(p):
    return len(p[0].split(' ')) < MAX_LENGTH and \
        len(p[1].split(' ')) < MAX_LENGTH and \
        p[1].startswith(eng_prefixes)


def filterPairs(pairs):
    return [pair for pair in pairs if filterPair(pair)]
```

综上，准备数据的完整过程是：

（1）读取文本文件并拆分成行，将行拆分成对；

（2）规范化文本，按长度和内容进行过滤；

（3）从成对的句子中制作单词列表。

调用刚才定义的函数，按照上述过程定义好数据的准备。代码如下：

```
def prepareData(lang1, lang2, reverse=False):
    input_lang, output_lang, pairs = readLangs(lang1, lang2, reverse)
    print("Read %s sentence pairs" % len(pairs))
```

```
    pairs = filterPairs(pairs)
    print("Trimmed to %s sentence pairs" % len(pairs))
    print("Counting words...")
    for pair in pairs:
        input_lang.addSentence(pair[0])
        output_lang.addSentence(pair[1])
    print("Counted words:")
    print(input_lang.name, input_lang.n_words)
    print(output_lang.name, output_lang.n_words)
    return input_lang, output_lang, pairs


input_lang, output_lang, pairs = prepareData('eng', 'fra', True)
print(random.choice(pairs))
```

输出结果如下：

```
Reading lines...
Read 135842 sentence pairs
Trimmed to 10599 sentence pairs
Counting words...
Counted words:
fra 4345
eng 2803
['elle est son amie .', 'she is her friend .']
```

15.4 构建模型

　　RNN 是一种对序列进行操作的网络，它使用自己的输出作为后续步骤的输入。通过 15.1 节和 15.2 节的讲解，我们对 Seq2Seq 网络及 Attention 机制有一定的了解，也就是利用 Encoder 和 Decoder 两个 RNN 网络一同构成的模型进行编码和解码。编码器用来读取输入序列并输出上下文向量，而解码器读取该向量并产生输出序列，如图 15-6 所示。

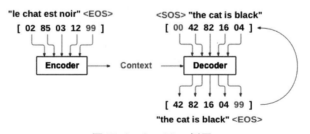

图15-6　Seq2Seq例子

与使用单个 RNN 的序列预测不同，其中每个输入对应于输出，Seq2Seq 模型使我们从序列长度和顺序中解放出来，这使得其成为两种语言之间转换的理想选择。考虑将 "Je ne suis pas le chat noir" 翻译成 "我不是黑猫"，输入句子中大多数单词在输出结果中有一一对应直接翻译的效果，但顺序略微不同，所以如果直接从输入句子逐一翻译则存在语序理解问题，而 Seq2Seq 模型能够直接编码单个向量，理解整个句子的含义，这比较符合我们的逻辑思维。

15.4.1 编码器

编码器的 RNN 将句子中输入的每个单词编码或隐藏状态，并逐步循环传递，得到最后一层的隐藏状态，即上下文向量 c。在此我们利用的模型是 GRU，GRU 模型类似于 LSTM（见第 12 章）。GRU 可以说是 LSTM 的一种优化或者变体，LSTM 存在三个门，而 GRU 只有两个门，参数更少，更容易收敛。GRU 在本节中的结构如图 15-7 所示。

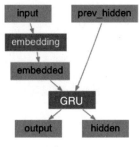

图15-7　Encoder网络

查看官方文档可以发现，nn.GRU 的使用和 nn.LSTM 很类似，详细说明可以参考第 12 章的讲解，该模块接收两个输入，一是输入 input，维度是 seq_len × batch × input_size，也即是序列的长度 × 每一批多少个数据 × 输入维度；二是初始隐藏状态 h_0，维度是 num_layers × num_directions × batch × hidden_size，在本节中，我们只用了 1 层及单一方向的网络，因此第一维度是 1。输出也为两个，一是 output，维度是 seq_len × batch × num_directions × hidden_size，这里实际上就是所有隐藏状态的拼接，所以第一维是序列的长度；二是 hn，是最后一个隐藏状态，也即是上下文向量。代码如下：

```python
class EncoderRNN(nn.Module):
    def __init__(self, input_size, hidden_size):
        super(EncoderRNN, self).__init__()
        self.hidden_size = hidden_size

        self.embedding = nn.Embedding(input_size, hidden_size)
        self.gru = nn.GRU(hidden_size, hidden_size)

    def forward(self, input, hidden):
        # 对 embedding 后的 input 进行维度转换
        # 后续训练时会发现这里的 input 维度是 batch×input_size
```

```
        embedded = self.embedding(input).view(1, 1, -1)
                    # 添加 seq_len 为 1、batch 为 1 的维度, 用于 GRU 的输入
        output = embedded
        output, hidden = self.gru(output, hidden)
        return output, hidden
    # 用于初始化第一个隐藏状态
    def initHidden(self):
        return torch.zeros(1, 1, self.hidden_size, device=device)
```

15.4.2 解码器

解码器的主要模块是 Decoder 模块, 在使用 Attention 机制之前, 我们来看下普通情况下的 Decoder 模块。

实际上 Decoder 也是一个 RNN, 它接收编码器输出的上下文向量, 并得到一系列的隐藏状态用以转换。在解码的每个步骤中, 对 Decoder 输入 token 和 hidden, 初始 token 是 <SOS> 标志位, 初始 hidden 是上下文向量。网络结构如图 15-8 所示。

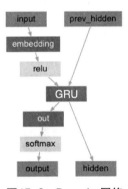

图15-8 Decoder网络

Decoder 模块的代码如下:

```
class DecoderRNN(nn.Module):
    def __init__(self, hidden_size, output_size):
        super(DecoderRNN, self).__init__()
        self.hidden_size = hidden_size

        self.embedding = nn.Embedding(output_size, hidden_size)
        self.gru = nn.GRU(hidden_size, hidden_size)
        self.out = nn.Linear(hidden_size, output_size)
        self.softmax = nn.LogSoftmax(dim=1)
    # 输入的 hidden 来自上下文向量
    def forward(self, input, hidden):
        output = self.embedding(input).view(1, 1, -1)
        output = F.relu(output)
```

```
        output, hidden = self.gru(output, hidden)
        # 将 output 通过 linear 层变换为输出维度 output_size
        output = self.softmax(self.out(output[0]))
        return output, hidden
```

15.4.3　注意力机制解码器

如果仅在编码器和解码器之间传递上下文向量，则单个向量将承担整个句子的所有信息，而注意力机制允许 Decoder 去针对 Encoder 的每步输出进行聚焦，最后再形成有针对性的上下文向量，也即是上下文向量会随着每一步而变换，这很符合人脑思维，即在不同的时刻会将注意力放到不同地方。带 Attention 的 Decoder 网络结构如图 15-9 所示。

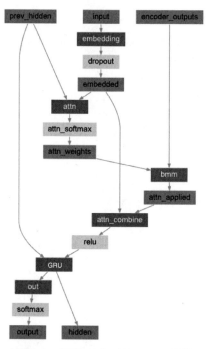

图15-9　带Attention的Decoder网络

首先，对于 Encoder，除了要利用最后一个隐藏状态之外，还要保留每一步对应的输出，这里命名为 encoder_outputs。接着需要计算注意力权值 attn_weights，这里利用到的是 Decoder 的输入和隐藏状态两个信息，使用一个前馈层 attn 从 hidden_size*2 转化为 max_length，因为这里权值是要对应 encoder_outputs 来加权的，所以长度要固定成 max_length。加权得到后的命名为 attn_applied，这里可以理解为针对当前步骤输入的上下文向量。最后再把当前的输入和这个有针对性的 attn_applied 进行拼接，利用另一个前馈层 attn_combine 从 hidden_size*2 转化为 hidden_size，这才是最终 GRU 的输入。代码如下：

```
class AttnDecoderRNN(nn.Module):
    def __init__(self, hidden_size, output_size, dropout_p=0.1, max_
                 length=MAX_LENGTH):
        super(AttnDecoderRNN, self).__init__()
        self.hidden_size = hidden_size
        self.output_size = output_size
        self.dropout_p = dropout_p
        self.max_length = max_length
        # 用于得到 embedding 向量
        self.embedding = nn.Embedding(self.output_size, self.hidden_size)
        # 用于计算注意力权值
        self.attn = nn.Linear(self.hidden_size * 2, self.max_length)
        # 用于转换拼接后的输入
        self.attn_combine = nn.Linear(self.hidden_size * 2, self.hidden_size)
        self.dropout = nn.Dropout(self.dropout_p)
        self.gru = nn.GRU(self.hidden_size, self.hidden_size)
        self.out = nn.Linear(self.hidden_size, self.output_size)

    def forward(self, input, hidden, encoder_outputs):
        # 用 input 得到 embedding 向量
        embedded = self.embedding(input).view(1, 1, -1)
        embedded = self.dropout(embedded)
        # 拼接输入和隐藏状态信息，利用 attn 层得到注意力权重
        attn_weights = F.softmax(
            self.attn(torch.cat((embedded[0], hidden[0]), 1)), dim=1)
        # 注意力权重和 encoder_outputs 进行加权，bmm 用来对两个三维矩阵进行矩阵乘法
        attn_applied = torch.bmm(attn_weights.unsqueeze(0),
                        encoder_outputs.unsqueeze(0))
                        #unsqueeze(0) 在第一维添加维度 1 代表当前步骤
        # 合并输入及带有针对性的上下文向量
        output = torch.cat((embedded[0], attn_applied[0]), 1)
        # 转换维度到 hidden_size，方便后续 GRU 输入
        output = self.attn_combine(output).unsqueeze(0)

        output = F.relu(output)
        # 将 output 和隐藏状态 hidden 一并输入 GRU
        output, hidden = self.gru(output, hidden)

        output = F.log_softmax(self.out(output[0]), dim=1)
        return output, hidden, attn_weights
```

15.5 开始训练

在了解了注意力机制后，接下来开始训练文本翻译项目。

15.5.1　准备训练数据

在 15.3 节的准备数据中，我们将数据进行导入修剪，最后存储在 pairs 里，存放着法语英语句子对，并且是索引的。为了将数据输入神经网络中，需要将其转换为张量 tensor，包括输入 tensor（输入句子中的单词索引）和目标 tensor（目标句子中的单词索引）。另外，在创建时，会将 EOS 标志添加到两个序列中。代码如下：

```
def indexesFromSentence(lang, sentence):
    return [lang.word2index[word] for word in sentence.split(' ')]

def tensorFromSentence(lang, sentence):
    indexes = indexesFromSentence(lang, sentence)
    indexes.append(EOS_token) # 添加结束标志
    return torch.tensor(indexes, dtype=torch.long, device=device).view(-1, 1)

def tensorsFromPair(pair):
    input_tensor = tensorFromSentence(input_lang, pair[0])
    target_tensor = tensorFromSentence(output_lang, pair[1])
return (input_tensor, target_tensor)
```

15.5.2　训练技巧Teacher Forcing

Encoder 编码完成后，开始训练 Decoder，那么 Decoder 每一步的输入应该是什么呢？这里有两种方法，一是用当前步的输出，也即是模型学习后的预测，当作下一步的输入；二是将真实目标用作下一步的输入，而这种概念就是 Teacher Forcing。这两种方法都可以采取，但第二种方法能够使模型更快收敛，当使用受过训练的网络时，容易出现不稳定性，没有较好的泛化能力。

这里可以理解为你在做试卷的时候，如果有一份参考答案，那么你可以直接将答案抄在试卷上，这样很容易得高分，但是往往这么做你学习到的是答案的一些规律和模板，而没有真正学习到如何做题，如果换了一套试卷你可能就会得很低的分数。当然，如果你做的试卷足够多，那你学习到了答案的规律和模板也能够去应付。所以，Teacher Forcing 在一定程度上也有着较好的作用。但应该设置好一个度，不能被快速收敛所迷惑。

15.5.3　训练模型

为了让函数使用方便，我们将每步训练包装成一个 train 函数，后面迭代时逐一将向量传进去。代码如下：

```
teacher_forcing_ratio = 0.5 # 设置一个阈值，如果取一个随机数比它小，则使用 Teacer
Forcing
```

```python
# 将输入的向量参数化为 input_tensor 和 target_tensor
# 以及将模型结构、优化器、损失函数等传进去
def train(input_tensor, target_tensor, encoder, decoder, encoder_optimizer,
decoder_optimizer, criterion, max_length=MAX_LENGTH):
    # Encoder 初始化
    encoder_hidden = encoder.initHidden()
    # 清除累积梯度
    encoder_optimizer.zero_grad()
    decoder_optimizer.zero_grad()
    # 长度
    input_length = input_tensor.size(0)
    target_length = target_tensor.size(0)
    # 先定义好一个为 0 的 encoder_outputs 并逐个填进去
    encoder_outputs = torch.zeros(max_length, encoder.hidden_size,
                                  device=device)

    loss = 0
    # 遍历每一步
    for ei in range(input_length):
        encoder_output, encoder_hidden = encoder(
            input_tensor[ei], encoder_hidden)
        encoder_outputs[ei] = encoder_output[0, 0]
    # 初始 Decoder 输入为 SOS
    decoder_input = torch.tensor([[SOS_token]], device=device)
    # 初始 Decoder 隐藏状态为 Encoder 最后一层的隐藏状态
    decoder_hidden = encoder_hidden
    # 是否使用
    use_teacher_forcing = True if random.random() < teacher_forcing_
                                                    ratio else False

    if use_teacher_forcing:
        # Teacher Forcing: 利用实际目标作为下一步输入
        for di in range(target_length):
            decoder_output, decoder_hidden, decoder_attention = decoder(
                decoder_input, decoder_hidden, encoder_outputs)
            loss += criterion(decoder_output, target_tensor[di])
            decoder_input = target_tensor[di]

    else:
        # 没有 Teacher Forcing: 使用模型预测的输出作为下一步输入
        for di in range(target_length):
            decoder_output, decoder_hidden, decoder_attention = decoder(
                decoder_input, decoder_hidden, encoder_outputs)
            topv, topi = decoder_output.topk(1)
            decoder_input = topi.squeeze().detach()

            loss += criterion(decoder_output, target_tensor[di])
            # 如果遇到 EOS 则跳出循环
```

```
        if decoder_input.item() == EOS_token:
            break

    loss.backward()

    encoder_optimizer.step()
    decoder_optimizer.step()

    return loss.item() / target_length
```

接下来开始训练模型，为此定义了辅助函数 timeSince 用来计时，整个训练过程如下：

（1）启动计时器；

（2）初始化优化器和损失函数；

（3）创建一组训练对；

（4）代入 train 函数进行迭代训练。

我们将每次训练的函数包装成 trainIters，偶尔打印出进度，如例子的百分比、到目前为止的时间、估计的时间和平均损失。对于这个小的数据集，可以使用 256 个隐藏节点和单个 GRU 网络。训练迭代次数为 75000，每 5000 步打印一次，代码如下：

```
import time
import math


def asMinutes(s):
    m = math.floor(s / 60)
    s -= m * 60
    return '%dm %ds' % (m, s)


def timeSince(since, percent):
    now = time.time()
    s = now - since
    es = s / (percent)
    rs = es - s
    return '%s (- %s)' % (asMinutes(s), asMinutes(rs))
# 每几步打印，每 100 步保存一次 loss 用来绘画
def trainIters(encoder, decoder, n_iters, print_every=1000, plot_every
=100, learning_rate=0.01):
    start = time.time()
    plot_losses = []
    print_loss_total = 0  # 用来重置打印 loss
    plot_loss_total = 0   # 用来重置绘画 loss

    encoder_optimizer = optim.SGD(encoder.parameters(), lr=learning_rate)
    decoder_optimizer = optim.SGD(decoder.parameters(), lr=learning_rate)
    training_pairs = [tensorsFromPair(random.choice(pairs))
```

```
                        for i in range(n_iters)]
    criterion = nn.NLLLoss()

    for iter in range(1, n_iters + 1):
        training_pair = training_pairs[iter - 1]
        input_tensor = training_pair[0]
        target_tensor = training_pair[1]
        # 调用上述包装好的 train 函数
        loss = train(input_tensor, target_tensor, encoder, decoder,
                    encoder_optimizer, decoder_optimizer, criterion)
        print_loss_total += loss
        plot_loss_total += loss

        if iter % print_every == 0:
            print_loss_avg = print_loss_total / print_every
            print_loss_total = 0
            print('%s (%d %d%%) %.4f' % (timeSince(start, iter / n_iters),
                    iter, iter / n_iters * 100, print_loss_avg))

        if iter % plot_every == 0:
            plot_loss_avg = plot_loss_total / plot_every
            plot_losses.append(plot_loss_avg)
            plot_loss_total = 0
    return plot_losses
hidden_size = 256
encoder1 = EncoderRNN(input_lang.n_words, hidden_size).to(device)
attn_decoder1 = AttnDecoderRNN(hidden_size, output_lang.n_words,
            dropout_p=0.1).to(device)
plot_losses=trainIters(encoder1, attn_decoder1, 75000, print_every=5000)
```

输出结果如下：

```
1m 53s (- 26m 24s) (5000 6%) 2.8558
3m 42s (- 24m 3s) (10000 13%) 2.2832
5m 31s (- 22m 6s) (15000 20%) 1.9841
7m 19s (- 20m 8s) (20000 26%) 1.7271
9m 7s (- 18m 15s) (25000 33%) 1.5487
10m 54s (- 16m 21s) (30000 40%) 1.3461
12m 41s (- 14m 30s) (35000 46%) 1.2251
14m 30s (- 12m 41s) (40000 53%) 1.0956
16m 16s (- 10m 51s) (45000 60%) 1.0126
18m 5s (- 9m 2s) (50000 66%) 0.9212
19m 52s (- 7m 13s) (55000 73%) 0.7952
21m 41s (- 5m 25s) (60000 80%) 0.7481
23m 29s (- 3m 36s) (65000 86%) 0.6882
25m 17s (- 1m 48s) (70000 93%) 0.6190
27m 6s (- 0m 0s) (75000 100%) 0.5745
```

为了观察训练的效果，我们在上述代码中每 100 步保留一次 loss 值，通过绘画 loss 值的变化情况，来查看 loss 值是否呈现下降趋势。代码如下：

```
import matplotlib.pyplot as plt
plt.switch_backend('agg')
import matplotlib.ticker as ticker
import numpy as np

def showPlot(points):
    plt.figure()
    fig, ax = plt.subplots()
    # this locator puts ticks at regular intervals
    loc = ticker.MultipleLocator(base=0.2)
    ax.yaxis.set_major_locator(loc)
    plt.plot(points)
showPlot(plot_losses)
```

输出结果如图 15-10 所示。

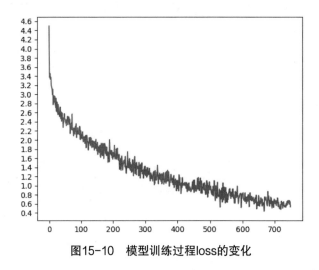

图15-10　模型训练过程loss的变化

15.6　观察模型效果

训练完模型之后，接下来我们观察下模型产生的效果，并对此做出评判。

15.6.1　评估模型

评估与训练大致相同，但没有目标，因此我们只需要将 Decoder 模块的预测反馈给每个步骤，每次预测一个单词时将它添加到输出字符串中，直到它预测到 EOS 标志就停止，将句子返回。代码如下：

```
# 将学习好的 encoder 和 decoder 及输入句子传入
def evaluate(encoder, decoder, sentence, max_length=MAX_LENGTH):
    with torch.no_grad():# 也可以用 eval
        input_tensor = tensorFromSentence(input_lang, sentence)
        input_length = input_tensor.size()[0]
        encoder_hidden = encoder.initHidden()

        encoder_outputs = torch.zeros(max_length, encoder.hidden_size,
                                      device=device)

        for ei in range(input_length):
            encoder_output, encoder_hidden = encoder(input_tensor[ei],
                                                     encoder_hidden)
            encoder_outputs[ei] += encoder_output[0, 0]

        decoder_input = torch.tensor([[SOS_token]], device=device)  # SOS

        decoder_hidden = encoder_hidden
        # 用来保存输出句子
        decoded_words = []
        # 为了后面的可视化，这里保存注意力权重
        decoder_attentions = torch.zeros(max_length, max_length)

        for di in range(max_length):
            decoder_output, decoder_hidden, decoder_attention = decoder(
                        decoder_input, decoder_hidden, encoder_outputs)
            # 保存权重
            decoder_attentions[di] = decoder_attention.data
            # topv 代表最大值，topi 代表最大值的索引
            topv, topi = decoder_output.data.topk(1)
            if topi.item() == EOS_token:
                decoded_words.append('<EOS>')
                break
            else:
                decoded_words.append(output_lang.index2word[topi.item()])

            decoder_input = topi.squeeze().detach()

        return decoded_words, decoder_attentions[:di + 1]
```

我们可以从训练集中随机选取句子进行评估，并对输入、目标和输出做一些对比判断。代码如下：

```
def evaluateRandomly(encoder, decoder, n=10):
    for i in range(n):
        pair = random.choice(pairs)
```

```
        print('>', pair[0])
        print('=', pair[1])
        output_words, attentions = evaluate(encoder, decoder, pair[0])
        output_sentence = ' '.join(output_words)
        print('<', output_sentence)
        print('')
evaluateRandomly(encoder1, attn_decoder1)
```

输出结果如下：

```
> je pars en vacances pour quelques jours .
= i m taking a couple of days off .
< i m taking a couple of days off . <EOS>

> je ne me panique pas .
= i m not panicking .
< i m not panicking . <EOS>

> je recherche un assistant .
= i am looking for an assistant .
< i m looking a call . <EOS>

> je suis loin de chez moi .
= i m a long way from home .
< i m a little friend . <EOS>

> vous etes en retard .
= you re very late .
< you are late . <EOS>

> j ai soif .
= i am thirsty .
< i m thirsty . <EOS>

> je suis fou de vous .
= i m crazy about you .
< i m crazy about you . <EOS>

> vous etes vilain .
= you are naughty .
< you are naughty . <EOS>

> il est vieux et laid .
= he s old and ugly .
< he s old and ugly . <EOS>

> je suis terrifiee .
= i m terrified .
< i m touched . <EOS>
```

15.6.2　可视化注意力

注意力机制的好处就是可以很直观地知道模型是如何侧重学习的，因为它用于对输入序列进行加权，所以可以去想象每个时间步长上网络的关注位置。这里简单地运行 plt.matshow(attention) 以将注意力输出显示为矩阵，其中列是输入步骤，行是输出步骤，下面随机举一句话，并用热力图观察。代码如下：

```
output_words, attentions = evaluate(
    encoder1, attn_decoder1, "je suis trop froid .")
plt.matshow(attentions.numpy())
```

输出结果如图 15-11 所示。

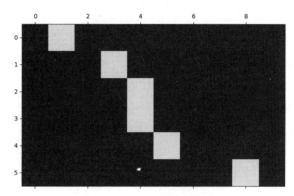

图15-11　注意力热力图

为了获得更好的观察效果，下面添加额外的轴和标签，并举例说明。代码如下：

```
def showAttention(input_sentence, output_words, attentions):
    # 用 colorbar 设置图
    fig = plt.figure()
    ax = fig.add_subplot(111)
    cax = ax.matshow(attentions.numpy(), cmap='bone')
    fig.colorbar(cax)

    # 设置坐标
    ax.set_xticklabels([''] + input_sentence.split(' ') +
                        ['<EOS>'], rotation=90)
    ax.set_yticklabels([''] + output_words)

    # 在每个刻度处显示标签
    ax.xaxis.set_major_locator(ticker.MultipleLocator(1))
    ax.yaxis.set_major_locator(ticker.MultipleLocator(1))

    plt.show()
```

```
def evaluateAndShowAttention(input_sentence):
    output_words, attentions = evaluate(
        encoder1, attn_decoder1, input_sentence)
    print('input =', input_sentence)
    print('output =', ' '.join(output_words))
    showAttention(input_sentence, output_words, attentions)


evaluateAndShowAttention("elle a cinq ans de moins que moi .")

evaluateAndShowAttention("elle est trop petit .")

evaluateAndShowAttention("je ne crains pas de mourir .")

evaluateAndShowAttention("c est un jeune directeur plein de talent .")
```

输出结果如下：

```
input = elle a cinq ans de moins que moi .
output = she is two years younger than me . <EOS>
input = elle est trop petit .
output = she s too trusting . <EOS>
input = je ne crains pas de mourir .
output = i m not afraid of dying . <EOS>
input = c est un jeune directeur plein de talent .
output = he s a fast person . <EOS>
```

以上例子说明如图 15-12 所示。

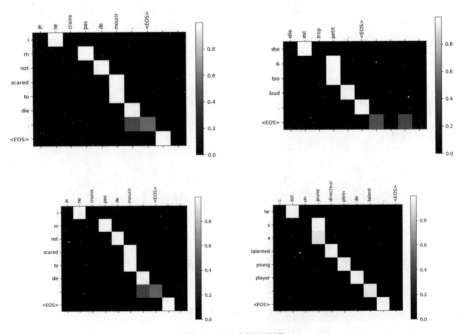

图15-12 例子说明

15.7 总结

本章通过法语转英语的数据集来实现文本翻译，首先，介绍了在文本翻译中常用的 Encoder-Decoder 模型及 Attention 机制；其次，通过数据预处理和构建模型，让读者更好地理解和使用 PyTorch 来训练文本翻译；最后，通过对模型进行可视化，以更好地理解模型及注意力机制的效果。

第16章

文本阅读理解

前面介绍了 BERT 模型，这个模型除了可以用于文本分类，还可以用于文本阅读理解。阅读理解任务就是通过阅读文本，然后回答关于这个文本的问题。阅读理解任务除了需要理解自然语言，也需要额外的知识。为了训练模型，本章使用的是斯坦福问答数据集（SQuAD）。SQuAD 是一个阅读理解数据集，由众多工作者对一组维基百科文章提出的问题组成，其中每个问题的答案都来自相应文章段落。

阅读理解任务介绍

下面通过一个实际的例子来了解阅读理解任务，基于图 16-1 所示的这一段文字，可以提出一个问题：BERT 模型是什么时候提出的?

上一章介绍了谷歌在 2018 年 提出的 BERT（Bidirectional Encoder Representations from Transformers）模型，这个模型除了可以用于文本分类，还可以用于阅读理解。阅读理解任务就是通过阅读文本，然后回答关于这个文本的问题。阅读理解任务需要理解自然语言，也需要额外的知识。为了训练模型，本章使用的是斯坦福问答数据集。

图16-1　阅读理解任务示例

阅读这一段文字，可以发现第一句话中就有答案，那就是 2018 年。

本章所讲的阅读理解任务，答案并不是生成式的，也就是说模型并不会改变原始的文本，而是从原文中截取一个文字片段作为答案。既然是截取一个片段，这个片段就会有一个开头和结尾，所以模型就是分别预测一个开头位置和一个结尾位置。

图 16-2 是 SQuAD 数据集论文中给出的示例，第一段文字为阅读理解的文本，后续是三个问题及对应的答案。由图 16-2 可以看出问题的答案均来自文本中的片段。

In meteorology, precipitation is any product of the condensation of atmospheric water vapor that falls under gravity. The main forms of precipitation include drizzle, rain, sleet, snow, graupel and hail... Precipitation forms as smaller droplets coalesce via collision with other rain drops or ice crystals within a cloud. Short, intense periods of rain in scattered locations are called "showers".

What causes precipitation to fall?
gravity

What is another main form of precipitation besides drizzle, rain, snow, sleet and hail?
graupel

Where do water droplets collide with ice crystals to form precipitation?
within a cloud

图16-2　SQuAD阅读理解任务示例

 模型实现

transformers 库中的 BertForQuestionAnswering 类实现了给予 BERT 的阅读理解模型，输入的是阅读理解的文本和问题，输出的是答案在文本中的位置。

这个类的构造函数 __init__ 的代码如下：

```
# BertForQuestionAnswering 类继承了 BertPreTrainedModel
class BertForQuestionAnswering(BertPreTrainedModel):
    def __init__(self, config):
        super().__init__(config)
        #num_labels 表示 label 的数量，在这个模型中是 2
        self.num_labels = config.num_labels
        # BERT 模型用于编码输入文本
        self.bert = BertModel(config, add_pooling_layer=False)
        # Linear 函数输出两个 label，一个是文本片段开始的位置，另一个是结束的位置
        self.qa_outputs = nn.Linear(config.hidden_size, config.num_labels)

        # 初始化网络权重
        self.init_weights()
```

下面介绍前向传播函数 forward，其参数如表 16-1 所示。

表16-1　forward函数的参数介绍

字段名	类型	张量维度	参数说明
input_ids	torch.LongTensor	(batch_size, sequence_length)	输入序列在词典中的索引
attention_mask	torch.FloatTensor	(batch_size, sequence_length)	注意力掩码避免对填充项进行注意
token_type_ids	torch.LongTensor	(batch_size, sequence_length)	因为输入为两个部分，所以分别标记
position_ids	torch.LongTensor	(batch_size, sequence_length)	位置索引
head_mask	torch.FloatTensor	(num_heads,)或者(num_layers, num_heads)	使选中的自注意力头无效的掩码
inputs_embeds	torch.FloatTensor	(batch_size, sequence_length, hidden_size)	文本转化为词嵌入的形式
output_attentions	bool	—	是否返回所有注意力层的注意力张量
output_hidden_states	bool	—	是否返回所有层的隐藏状态
return_dict	bool	—	是否返回 ModelOutput 而不是普通元组
start_positions	torch.LongTensor	(batch_size,)	开始的位置
end_positions	torch.LongTensor	(batch_size,)	结束的位置

forward 函数的代码如下：

```
def forward(
    self,
    input_ids=None,
    attention_mask=None,
    token_type_ids=None,
    position_ids=None,
    head_mask=None,
    inputs_embeds=None,
    start_positions=None,
```

```
        end_positions=None,
        output_attentions=None,
        output_hidden_states=None,
        return_dict=None,
):

    return_dict = return_dict if return_dict is not None else self.
                config.use_return_dict
    # BERT 模型编码
    outputs = self.bert(
        input_ids,
        attention_mask=attention_mask,
        token_type_ids=token_type_ids,
        position_ids=position_ids,
        head_mask=head_mask,
        inputs_embeds=inputs_embeds,
        output_attentions=output_attentions,
        output_hidden_states=output_hidden_states,
        return_dict=return_dict,
    )

    sequence_output = outputs[0]
    # 基于模型最后的输出，计算 logits
    logits = self.qa_outputs(sequence_output)
    start_logits, end_logits = logits.split(1, dim=-1)
    start_logits = start_logits.squeeze(-1).contiguous()
    end_logits = end_logits.squeeze(-1).contiguous()

    total_loss = None
    if start_positions is not None and end_positions is not None:
        # If we are on multi-GPU, split add a dimension
        if len(start_positions.size()) > 1:
            start_positions = start_positions.squeeze(-1)
        if len(end_positions.size()) > 1:
            end_positions = end_positions.squeeze(-1)
        # sometimes the start/end positions are outside our model
        # inputs, we ignore these terms
        ignored_index = start_logits.size(1)
        start_positions = start_positions.clamp(0, ignored_index)
        end_positions = end_positions.clamp(0, ignored_index)
        # 实例化交叉熵损失
        loss_fct = CrossEntropyLoss(ignore_index=ignored_index)
        start_loss = loss_fct(start_logits, start_positions)
        end_loss = loss_fct(end_logits, end_positions)
        total_loss = (start_loss + end_loss) / 2

    if not return_dict:
        output = (start_logits, end_logits) + outputs[2:]
        return ((total_loss,) + output) if total_loss is not None
```

```
else output

        return QuestionAnsweringModelOutput(
            loss=total_loss,
            start_logits=start_logits,
            end_logits=end_logits,
            hidden_states=outputs.hidden_states,
            attentions=outputs.attentions,
        )
```

以上就是 transformers 库中实现的 BertForQuestionAnswering 类。下面讲解使用这个类的简单实例，代码如下：

```
from transformers import BertTokenizer, BertForQuestionAnswering
import torch
# 序列化工具
tokenizer = BertTokenizer.from_pretrained('bert-base-uncased')
# 预训练模型
model = BertForQuestionAnswering.from_pretrained('bert-base-uncased')
# question 是问题，text 是阅读理解的文本
question, text = "Who was Jim Henson?", "Jim Henson was a nice puppet"
# 预处理原始文本和问题
inputs = tokenizer(question, text, return_tensors='pt')
start_positions = torch.tensor([1])
end_positions = torch.tensor([3])
# 将数据传入模型之后得到输出
outputs=model(**inputs,start_positions=start_positions,
end_positions=end_positions)
# 损失函数
loss = outputs.loss
start_scores = outputs.start_logits
end_scores = outputs.end_logits
```

模型性能如下：

```
f1 = 93.15
exact_match = 86.91
```

16.3 总结

本章首先介绍了 transformers 库中的 BertForQuestionAnswering 类和阅读理解数据集，后面介绍了 transformers 库中的 BertForQuestionAnswering 类的简单应用，能够训练文本阅读理解任务。

第17章

为图像添加文本描述

在之前的章节中介绍了图到图的翻译和文本到文本的翻译，我们将文本和图称为模态（modality），因此这两个任务属于模态内的转换。本章将介绍一种跨模态翻译技术——图到文本的翻译，也称为图像字幕（image caption）任务。我们以 AI Challenger 2017 竞赛中提供的图像描述数据集来训练模型，最终对图像产生一段中文文本描述。

17.1 编码器-解码器架构

为了介绍 Image Caption 模型，首先需要理解编码器 - 解码器架构。第 15 章实现了一个 Seq2Seq 模型用于完成文本翻译任务，这就是一个典型的编码器 - 解码器架构。在 Seq2Seq 模型用于翻译任务时，输入和输出数据都是不定长的文本，如图 17-1 所示，由于语言不同，因此编码器和解码器都选用了 RNN 结构的模型。

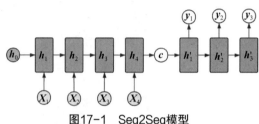

图17-1　Seq2Seq模型

给定输入序列$(x_1, x_2, \cdots, x_n)$，其中每一个词项（token）都使用稠密向量来进行表示，而非独热编码（one-hot）向量，词向量包含了丰富的单词级语义。在进行文本翻译时，如果只知道每个单词的意思是没办法完成整句翻译的。除了单词语义之外，还需要考虑句子结构和语法等语言特征。

Seq2Seq 使用 RNN 作为编码器来捕获源语言的句子级别的特征，并输出一个定长的向量，该向量可以理解为包含了句子的所有信息。接着使用 RNN 作为解码器，根据编码器输出的向量来解码出目标语言。

17.2 Image Caption模型

Image Caption 模型是指能够接受图片作为输入，并输出一段文字的神经网络模型的统称。输出的文字通常是对图片的描述，类似"看图说话"。本节将介绍这一类模型的最主流架构，为后续自己打造这样一个模型打下基础。

17.2.1 神经图像字幕生成器

在编码器 - 解码器架构中，编码器用于捕获源数据的特征并输出特征向量，该向量通常包含了源数据的所有信息。解码器用于从上述输出的特征向量汇总解码出目标数据。基于上述理解，可以想到使用 CNN 作为编码器来代替 Seq2Seq 中的 RNN 编码器，于是谷歌的学者于 2015 年提出了神经图像字幕生成器（Neural Image Caption Generator）。他们使用 CNN 模型将图片编码成一个定长向量，再输入 RNN 中进行解码。在解码过程中，图像的特征向量只被用到了一次。神经图像字幕生成器模型概览如图 17-2 所示。

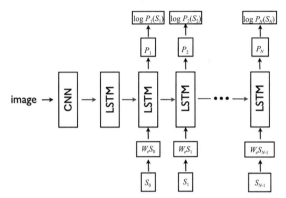

图17-2　神经图像字幕生成器模型概览

17.2.2　加入注意力机制

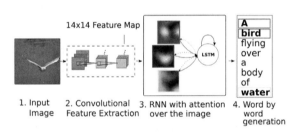

图17-3　带注意力机制的神经图像字幕生成器模型

正如在机器翻译中加入注意力机制一样，解码器在生成图像字幕时也可以使用这一技术。注意力机制可以使解码器在解码每一个单词时能够关注到图像的不同区域，而不是整幅图像，这是非常直观，也容易被人类理解的，模型如图 17-3 所示。那么具体怎么做呢？

在神经图像字幕生成器模型的基础上，将图片切分成很多个小格子，再利用 CNN 对每个格子的图像区域进行编码，假设最后得到特征集合 $\{v_1, v_2, \cdots, v_L\}$，$v_i \in \mathbb{R}^D$，其中 D 是每个特征的维度，L 是特征的数量。在实际操作时，对这么多格子单独进行 CNN 编码是很耗时的，因此可以在 CNN 的特征图上完成上述操作，生成一个大小为 14×14、通道数为 D 的特征图。CNN 的特征图上每一个数值对应于原图中的一个区域，因此得到 $L = 14 \times 14 = 196$ 个特征向量。

在解码阶段第 t 步，将上述 L 个特征向量进行加权求和，得到图片上下文特征向量 $V_t = \sum_{i=1}^{L} \alpha_{t,i} v_i$，其中 $\alpha_{t,i}$ 表示当前时间步对第 i 个图像区域的注意力权重。假设上一个时间步 RNN 的隐藏状态为 h_{t-1}，那么先计算对图像区域的注意力分数 $e_{t,i} = f_{att}(v_i, h_{t-1})$，再将该分数使用 Softmax 进行归一化处理，便得到了最终的注意力权重：

$$\alpha_{t,i} = \frac{e_{t,i}}{\sum_{k=1}^{L} e_{t,k}}$$

这样一来，图片的特征向量V_t是动态计算得到，相比之前固定的特征向量，V_t可以更好地捕获图片的特征。

 17.3 中文图像字幕数据集

早期 Image Caption 研究均使用英文语料，即输出的是英文描述。随着这个方向受到更多研究人员的关注，各种语言的数据集也慢慢建立起来了。本书推荐使用 AI challenger 挑战赛里的中文数据集。下面介绍中文图像字幕数据集。

17.3.1 数据结构

挑战赛 AI Challenger 2017 中提供了大量的图片及中文标注的图像字幕，每张图片都有五个中文描述，训练集共有 21 万张图片，压缩包比较大，有 20GB。在下载完成后，将其解压到 data 目录下，最终目录结构如下：

```
./data
    ai_challenger_caption_validation_20170910/
        caption_validation_annotations_20170910.json
        caption_validation_images_20170910/
            0003a0755539c426ecfc7ed79bc74aeea6be740b.jpg
            000420107b8abee7c2f08bb21e4444a9d00c9323.jpg
                . . .
    ai_challenger_caption_train_20170902/
        caption_train_annotations_20170902.json
        caption_train_images_20170902/
            0000252aea98840a550dac9a78c476ecb9f47ffa.jpg
            000041512fa82558167d5cd9b1f7bc1b24e4ceea.jpg
                . . .
```

训练集和验证集下面都包含一个 .json 文件和图片目录，.json 文件是对每个图片标注的中文字幕，每个标注项结构如下：

```
{ 'url': 'http://img5.cache.netease.com/photo/0005/2013-09-25/99
LA1FC60B6P0005.jpg',
```

```
'image_id': '3cd32bef87ed98572bac868418521852ac3f6a70.jpg',
'caption': [' 一个双臂抬起的运动员跪在绿茵茵的球场上 ',
 ' 一个抬着双臂的运动员跪在足球场上 ',
 ' 一个双手握拳的男人跪在绿茵茵的足球场上 ',
 ' 一个抬起双手的男人跪在碧绿的球场上 ',
 ' 一个双手握拳的运动员跪在平坦的运动场上 ']}
```

17.3.2　构建词典

图 17-4 展示了从字幕中构建词典的过程。我们定义一个 Vocab 类来构建词典。对于每个字幕，使用 jieba 中文分词库来将中文句子切分成词项（token）列表。接着使用 build_vocab 函数将每个词项都添加到 Vocab 类中，进行词典扩展。最终 Vocab 类中会保存每一个词项及其 id。

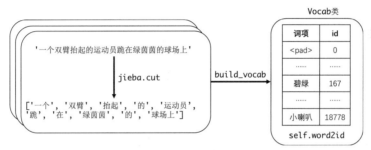

图 17-4　构建词典的过程

Vocab 类的定义如下：

```
class Vocab(object):

    def __init__(self, word2id=None):
        """ 实例化一个词库
        @word2id (dict): 词到 id 的映射表
        """
        if word2id:
            self.word2id = word2id
        else:
            self.word2id = dict()
            self.word2id['<pad>'] = 0 # Pad Token
            self.word2id['<s>']   = 1 # Start Token
            self.word2id['</s>']  = 2 # End Token
            self.word2id['<unk>'] = 3 # Unknown Token
        self.unk_id = self.word2id['<unk>']
        self._id2word = {v: k for k, v in self.word2id.items()}

    def __getitem__(self, word):
        return self.word2id.get(word, self.unk_id)
```

```
    def __contains__(self, word):
        return word in self.word2id

    def __setitem__(self, key, value):
        raise ValueError('vocabulary is readonly')

    def __len__(self):
        return len(self.word2id)

    def __repr__(self):
        return 'Vocabulary[size=%d]' % len(self)

    def id2word(self, wid):
        return self._id2word[wid]

    def add(self, word):
        if word not in self:
            wid = self.word2id[word] = len(self)
            self._id2word[wid] = word
            return wid
        else:
            return self[word]

    def enc_words(self, words, max_len=None):
        words = ['<s>'] + list(words) + ['</s>']
        ids = [self[w] for w in words]
        if max_len is None:
            return ids

        ids = ids[:max_len]
        real_len = len(ids)
        ids = ids + [self['<pad>']]*(max_len - real_len)
        return ids, real_len

    def indices2words(self, word_ids):
        return [self._id2word[w_id] for w_id in word_ids]
```

下面定义 build_vocab 函数来遍历训练集和验证集中的所有字幕句子，并由此来实例化一个 Vocab 类。

```
def build_vocab():
    freq = Counter()
    for f in [path_train_anno, path_val_anno]:
        with open(f, 'r') as fp:
            cap_data = json.load(fp)
        for sample in cap_data:
            for cap in sample['caption']:
                freq.update(jieba.cut(cap))
```

```
vocab = Vocab()
for t in freq.keys():
    vocab.add(t)
return vocab, freq
```

17.3.3　构建数据集

由于 .json 文件中的每张图片包含五个中文字幕句子，因此在构建数据集时，需要将其拆分成五个独立的 (图像 , 字幕) 二元组以便模型训练。图 17-5 展示了从原始数据构建出 (图像 , 字幕) 二元组的过程。

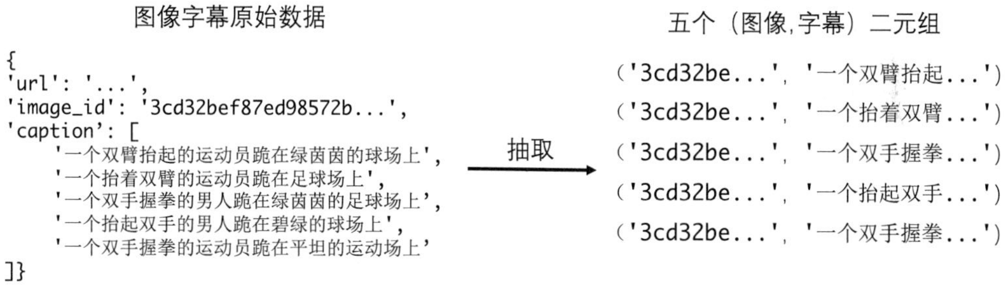

图像字幕原始数据
```
{
'url': '...',
'image_id': '3cd32bef87ed98572b...',
'caption': [
    '一个双臂抬起的运动员跪在绿茵茵的球场上',
    '一个抬着双臂的运动员跪在足球场上',
    '一个双手握拳的男人跪在绿茵茵的足球场上',
    '一个抬起双手的男人跪在碧绿的球场上',
    '一个双手握拳的运动员跪在平坦的运动场上'
]}
```

五个（图像,字幕）二元组
抽取 →
('3cd32be...', '一个双臂抬起...')
('3cd32be...', '一个抬着双臂...')
('3cd32be...', '一个双手握拳...')
('3cd32be...', '一个抬起双手...')
('3cd32be...', '一个双手握拳...')

图17-5　从原始数据中抽取图像字幕二元组

其实我们对第 8 章提供的数据集类稍作修改便可以得到 CaptionDataset 数据集类，代码如下：

```
class CaptionDataset(torch.utils.data.Dataset):

    def __init__(self, image_dir, annotation_json, vocab,
transform=None, limit=None, for_bleu=False):
        """
        @image_dir(str): 图片目录
        @annotation_json(str): 标注文件
        @vocab(Vocab): 词汇表
        @transform: 图片处理器
        @for_bleu(bool): 是否用于计算BLEU
        """
        self.image_dir = image_dir
        self.annotation_json = annotation_json
        self.vocab = vocab
        self.transform = transform
        self.for_bleu = for_bleu

        # 加载数据集
        with open(annotation_json, 'r') as fp:
            samples = json.load(fp)
```

```
        # 构建(图像，字幕)二元组
        self.data = []
        for s in samples:
            for c in s['caption']:
                self.data.append((s['image_id'], c))

        # 每张图片只需提供一个字幕，并且需要返回该图的所有字幕用作计算BLEU
        if for_bleu:
            image_cap = {}
            for img_id, cap in self.data:
                if img_id not in image_cap:
                    image_cap[img_id] = []
                image_cap[img_id].append(cap)
            self.data = list(image_cap.items())


        if limit is not None:
            self.data = self.data[:limit]

    def __len__(self):
        return len(self.data)

    def __getitem__(self, i):
        filename, cap = self.data[i]
        img_path = os.path.join(self.image_dir, filename)
        # 加载图片
        img = Image.open(img_path).convert('RGB')
        img = self.transform(img)

        # 处理字幕文本
        if self.for_bleu:
            caption_str = cap[0]
        else:
            caption_str = cap

        caption, caption_len = self.vocab.enc_words(jieba.cut(caption_
                                                    str), max_len)
        caption = torch.LongTensor(caption)
        caption_len = torch.LongTensor([caption_len])

        out = (img, caption, caption_len)
        if self.for_bleu:
            all_captions = torch.LongTensor([self.vocab.enc_words(jie
                        ba.cut(c), max_len)[0] for c in cap])
            out += (all_captions, )

        return out
```

下面初始化数据集，并打印一些训练样本来观察，代码如下：

```
image_transform = transforms.Compose([
    transforms.Resize((image_size, image_size)),
    transforms.ToTensor(),
    transforms.Normalize(mean=[0.485, 0.456, 0.406],
                         std=[0.229, 0.224, 0.225])
])

train_loader = torch.utils.data.DataLoader(
    CaptionDataset(path_train, path_train_anno, vocab, image_transform),

    batch_size=batch_size, shuffle=True, num_workers=workers,
            pin_memory=True)

val_loader = torch.utils.data.DataLoader(
    CaptionDataset(path_val, path_val_anno, vocab, image_transform, for_
                bleu=True),
    batch_size=batch_size, shuffle=False, num_workers=workers,
            pin_memory=True)

img, cap, caplen, *_ = next(iter(train_loader))

img = vutils.make_grid(img[:1], padding=2, normalize=True)
img = img.permute(1, 2, 0)
plt.figure(figsize=(10,10))
plt.axis("off")
plt.title("Training Images")

k = 0
print(vocab.indices2words(cap[k][:caplen[k]].tolist()))
plt.imshow(img)
```

输出结果如下，对应图片如图 17-6 所示。

```
['<s>', '高尔夫球场', '上', '一个', '戴着', '帽子', '的', '人', '在',
'打', '高尔夫球', '</s>']
```

图17-6 输出结果

17.4 构建Image Caption模型

Image Caption 由编码器、解码器及注意力层构成。其中，编码器用于将图片编码成特征向量，解码器用于从图片特征中识别并生成出文本。注意力层是在此基础之上的优化，加入了注意力层后，解码器在解码时可以关注图片中的部分区域，从而提高模型性能。本节将详细介绍这三个组成部分。

17.4.1 编码器

我们利用 PyTorch 的 torchvision 库中提供的预训练的 101 层 ResNet 模型来作为编码器以提取图像特征。编码器工作流程如图 17-7 所示。注意：我们并不是使用 ResNet 来做图像分类任务，因此在构建编码器时，只使用其中的卷积层来提取图像的特征。我们使用 AdaptiveAvgPool2d 来输出固定大小的特征图，即大小为 14×14、通道数为 2048 的特征图。特征图上的每一个"像素"对应原图上的某一块区域，特征维度为 2048。

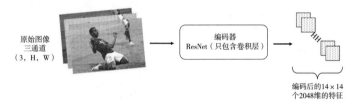

图17-7 编码器工作流程

此外，Encoder 类提供了一个 fine_tune 函数，来控制模型是否在训练过程中进行更高级别的特征提取。

```
# 编码器
class Encoder(nn.Module):
    def __init__(self, encoded_image_size=14):
        super(Encoder, self).__init__()
        self.enc_image_size = encoded_image_size

        # 使用预训练的 ResNet
        resnet = torchvision.models.resnet101(pretrained=True)

        # 移除最后两层用作图像分类的层
        modules = list(resnet.children())[:-2]
        self.resnet = nn.Sequential(*modules)

        # 将任意大小的图片变成固定大小的输出
        self.adaptive_pool = nn.AdaptiveAvgPool2d((encoded_image_size,
                                                   encoded_image_size))
```

```
    self.fine_tune()

def forward(self, images):
    out = self.resnet(images)
    # (bsize, 2048, encoded_image_size, encoded_image_size)
    out = self.adaptive_pool(out)
    out = out.permute(0, 2, 3, 1)
    return out

def fine_tune(self, fine_tune=True):
    # 关闭所有参数的梯度计算
    for p in self.resnet.parameters():
        p.requires_grad = False

    # 只微调比较靠输出侧的卷积层
    for c in list(self.resnet.children())[5:]:
        for p in c.parameters():
            p.requires_grad = fine_tune
```

17.4.2 解码器

从 17.4.1 节描述中可以知道，编码器输出的特征图大小是 (2048，14，14)，我们将其进行矩阵变换后作为 RNN 的初始状态 h_0，如图 17-8 所示。

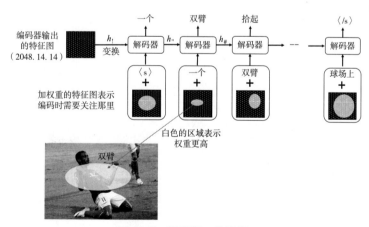

图17-8 解码器工作流程

在解码时，计算当前时间步与图像区域的注意力分数，并对图像特征进行加权求和得到图像上下文，将该上下文与词向量拼接作为最终输入 LSTM 神经元的输入。代码如下：

```
class DecoderWithAttention(nn.Module):
    def __init__(self, attention_dim, embed_dim, decoder_dim, vocab_
size, encoder_dim=2048, dropout=0.5):
```

```
    """
    @param attention_dim: 注意力空间大小
    @param embed_dim: 词嵌入大小
    @param decoder_dim: 解码空间大小
    @param vocab_size: 词汇表大小
    @param encoder_dim: 编码器空间大小
    @param dropout:
    """
    super(DecoderWithAttention, self).__init__()

    self.encoder_dim = encoder_dim
    self.attention_dim = attention_dim
    self.embed_dim = embed_dim
    self.decoder_dim = decoder_dim
    self.vocab_size = vocab_size
    self.dropout = dropout

    # 实例化一个注意力模型
    self.attention = Attention(encoder_dim, decoder_dim, attention_dim)

    # 词嵌入层
    self.embedding = nn.Embedding(vocab_size, embed_dim)
    self.dropout = nn.Dropout(p=self.dropout)

    # 用于解码的 LSTM 神经元
    self.decode_step = nn.LSTMCell(embed_dim + encoder_dim,
                                   decoder_dim, bias=True)

    # 初始状态
    self.init_h = nn.Linear(encoder_dim, decoder_dim)
    self.init_c = nn.Linear(encoder_dim, decoder_dim)
    self.f_beta = nn.Linear(decoder_dim, encoder_dim)

    self.sigmoid = nn.Sigmoid()

    # 编码器空间 -> 词汇分数
    self.fc = nn.Linear(decoder_dim, vocab_size)

    # 使用 uniform 分布来初始化各个层
    self.init_weights()

def init_weights(self):
    self.embedding.weight.data.uniform_(-0.1, 0.1)
    self.fc.bias.data.fill_(0)
    self.fc.weight.data.uniform_(-0.1, 0.1)

def load_pretrained_embeddings(self, embeddings):
    self.embedding.weight = nn.Parameter(embeddings)

def fine_tune_embeddings(self, fine_tune=True):
```

```
        for p in self.embedding.parameters():
            p.requires_grad = fine_tune

    def init_hidden_state(self, encoder_out):
        mean_encoder_out = encoder_out.mean(dim=1)
        h = self.init_h(mean_encoder_out)   # (batch_size, decoder_dim)
        c = self.init_c(mean_encoder_out)
        return h, c

    def forward(self, encoder_out, encoded_captions, caption_lengths):
        """
        @param encoder_out: 编码器输出 (batch_size, enc_image_size, enc_
image_size, encoder_dim)
        @param encoded_captions: 对应的图像字幕 (batch_size, max_caption_
~length)
        @param caption_lengths: 字幕长度 (batch_size, 1)
        @return: scores for vocabulary, sorted encoded captions, decode
lengths, weights, sort indices
        """

        batch_size = encoder_out.size(0)
        encoder_dim = encoder_out.size(-1)
        vocab_size = self.vocab_size

        # 展开图像特征
        encoder_out = encoder_out.view(batch_size, -1, encoder_dim)
#(batch_size, num_pixels, encoder_dim)
        num_pixels = encoder_out.size(1)

        # 按长度降序排列字幕
        caption_lengths, sort_ind = caption_lengths.squeeze(1).sort
                                    (dim=0, descending=True)
        encoder_out = encoder_out[sort_ind]
        encoded_captions = encoded_captions[sort_ind]

        # 词嵌入
        embeddings = self.embedding(encoded_captions)
#(batch_size, max_caption_length, embed_dim)

        # 初始化 LSTM 的第一个神经元的状态
        h, c = self.init_hidden_state(encoder_out)
#(batch_size, decoder_dim)


        # 因为当输入 </s> 时，编码过程就停止了，所以编码器并不输出 </s>
        # 实际的编码长度要减 1
        decode_lengths = (caption_lengths - 1).tolist()

        # 创建张量用来保存预测的词汇分数和注意力分数
        predictions = torch.zeros(batch_size, max(decode_lengths),
```

```
                    vocab_size).to(device)
alphas = torch.zeros(batch_size, max(decode_lengths),
        num_pixels).to(device)

# 在每一个时间步
# 使用编码器的输出和上一个时间步的隐藏状态来进行解码
# 利用加权求和后的图像特征和上一次解码的单词来生成新的单词
for t in range(max(decode_lengths)):
    batch_size_t = sum([l > t for l in decode_lengths])
    attention_weighted_encoding, alpha = self.attention
                (encoder_out[:batch_size_t], h[:batch_size_t])
    gate = self.sigmoid(self.f_beta(h[:batch_size_t]))
# 缩放, (batch_size_t, encoder_dim)
    attention_weighted_encoding = gate * attention_weighted_
                                encoding
    h, c = self.decode_step(
        torch.cat([embeddings[:batch_size_t, t, :], attention_
            weighted_encoding], dim=1),
        (h[:batch_size_t], c[:batch_size_t]))
# (batch_size_t, decoder_dim)
    preds = self.fc(self.dropout(h))
# (batch_size_t, vocab_size)
    predictions[:batch_size_t, t, :] = preds
    alphas[:batch_size_t, t, :] = alpha

return predictions, encoded_captions, decode_lengths, alphas,
    sort_ind
```

17.4.3 注意力层

注意力网络的输入是一组图片特征和解码器 RNN 的上一个时间步的隐藏状态，输出是加权求和后的图片特征，以及每个图片特征的注意力分数。代码如下：

```
class Attention(nn.Module):
    """
    注意力模型
    """

    def __init__(self, encoder_dim, decoder_dim, attention_dim):
        """
        @param encoder_dim: 编码器输出的图片特征大小
        @param decoder_dim: 解码器 RNN 隐藏状态大小
        @param attention_dim: 注意力空间大小
        """
        super(Attention, self).__init__()
        # 图片特征空间 -> 注意力空间
        self.encoder_att = nn.Linear(encoder_dim, attention_dim)
```

```
        # RNN 隐藏状态空间 -> 注意力空间
        self.decoder_att = nn.Linear(decoder_dim, attention_dim)
        # 注意力空间 -> 注意力分数
        self.full_att = nn.Linear(attention_dim, 1)
        self.relu = nn.ReLU()
        self.softmax = nn.Softmax(dim=1)

    def forward(self, encoder_out, decoder_hidden):
        """
        @param encoder_out: 编码器输出的图片特征 (batch_size, num_pixels,
encoder_dim)
        @param decoder_hidden: 上一个时间步的 RNN 输出 (batch_size, decoder_
dim)
        @return: attention weighted encoding, weights
        """

        att1 = self.encoder_att(encoder_out)
        # (batch_size, num_pixels, attention_dim)
        att2 = self.decoder_att(decoder_hidden)
        # (batch_size, attention_dim)
        att = self.full_att(self.relu(att1 + att2.unsqueeze(1))).
            squeeze(2)  # (batch_size, num_pixels)
        alpha = self.softmax(att)  # (batch_size, num_pixels)
        attention_weighted_encoding = (encoder_out *
            alpha.unsqueeze(2)).sum(dim=1)  # (batch_size, encoder_dim)

        return attention_weighted_encoding, alpha
```

17.5 模型训练和评估

本小节将对构建的模型进行训练和评估。

17.5.1 训练编码器和解码器

如果编码器不需要微调，则不需要对编码器进行训练。编码器和解码器在结构上也不存在交集，因此可以对编码器和解码器使用不同的 Adam 优化器。代码如下：

```
# 将模型移动到 GPU（如果有的话）
decoder = decoder.to(device)
encoder = encoder.to(device)

encoder_optimizer = torch.optim.Adam(params=filter(lambda p: p.requires_
```

```
                     grad, encoder.parameters()), lr=encoder_lr)
                     if fine_tune_encoder else None

decoder_optimizer = torch.optim.Adam(params=filter(lambda p: p.requires_
                     grad, decoder.parameters()), lr=decoder_lr)
```

下面定义一个 train 函数来遍历一次数据集以训练模型，由于篇幅限制，以及训练模型的代码其实大同小异，这里只给出训练过程中的重点部分，即数据流入编码器再到解码器最后计算出损失函数的过程。代码如下：

```
# 执行一次训练
def train(train_loader, encoder, decoder, criterion, encoder_optimizer,
decoder_optimizer, epoch):
    """
    @param train_loader: 训练集加载器
    @param encoder: 编码器
    @param decoder: 解码器
    @param criterion: 损失函数
    @param encoder_optimizer: 编码器的优化器
    @param decoder_optimizer: 解码器的优化器
    @param epoch: 当前是第几个 epoch
    """
        # ……（省略代码）
    for i, (imgs, caps, caplens) in enumerate(train_loader):
        # ……（省略代码）

        # 编码器进行编码
        imgs = encoder(imgs)

        # 使用解码器生成图像字幕
        scores, caps_sorted, decode_lengths, alphas, sort_ind =
                                        decoder(imgs, caps, caplens)

        # 生成的字幕不包含 <s>，所以计算 loss 时跳过 <s>
        targets = caps_sorted[:, 1:]

        # 需要过滤掉 <pad> 标签
        # 使用 pack_padded_sequence 可以很容易做到这一点
        scores, *_ = pack_padded_sequence(scores, decode_lengths, batch_
                                    first=True)
        targets, *_ = pack_padded_sequence(targets, decode_lengths,
                                    batch_first=True)


        # 计算损失值
        loss = criterion(scores, targets)
        # ……（省略代码）
```

训练过程的输出结果如下：

```
========== epoch 1/4 ==========
Epoch: [1][0/8204]      Batch Time 6.790 (6.790)  Data Load Time 4.020
(4.020)  Loss 10.7403 (10.7403)  Top-5 Accuracy 0.000 (0.000)
Epoch: [1][100/8204]    Batch Time 1.116 (1.147)  Data Load Time 0.000
(0.040)  Loss 4.4637 (5.6613)  Top-5 Accuracy 58.370 (45.231)
Epoch: [1][200/8204]    Batch Time 1.063 (1.116)  Data Load Time 0.000
(0.020)  Loss 3.4530 (4.7357)  Top-5 Accuracy 74.038 (56.986)
......
```

17.5.2 计算BLEU指标

我们在创建数据集时有一个 for_bleu 参数，如果指定该参数，则数据集加载器会进入评估模式，它会一次性返回图像的所有字幕用于计算 BLEU 值。BLEU 是用于评估文本生成效果的一项指标，取值为 [0, 1]，1 表示完美匹配。BLEU 广泛运用于评估文本翻译的效果，也可以用它来评估字幕生成的效果。借助 nltk 库可以很容易计算出 BLEU-4 指标。代码如下：

```
from nltk.translate.bleu_score import corpus_bleu
# references = [[ref1a, ref1b, ref1c], [ref2a, ref2b], ...],
# hypotheses = [hyp1, hyp2, ...]
bleu4 = corpus_bleu(references, hypotheses)
```

其中，hypotheses 是模型生成的字幕，references 中保存的是图像标注的 5 条字幕列表。本章提供的模型计算的 BLEU 得分如下：

```
========== epoch 1/4 ==========
* LOSS - 2.327, TOP-5 ACCURACY = 86.772, BLEU-4 = 0.41212104792847365
========== epoch 2/4 ==========
* LOSS - 2.267, TOP-5 ACCURACY = 87.492, BLEU-4 = 0.42391091738088227
```

17.5.3 可视化结果

根据计算的注意力分数，可以得到解码器在解码每一个词时，最关注原图中的哪一块区域，我们可以对其进行可视化，如图 17-9 所示。

图17-9 注意力可视化

17.6 总结

为图像添加文本描述是一项比较前沿的 AI 技术，在人工智能领域，这项技术又称图像字幕生成（Image Caption），是目前研究的一个热点话题。目前的研究都是基于英文语料库的，本章基于中文语料库实现了为图片添加中文描述。图像字幕具有极大的应用价值，例如，可以帮助盲人"看"到世界的样子。苹果公司的 IOS 14.2 系统就推出了"放大器"这一功能，它可以实时地从摄像头捕获画面并朗读出生成的文本，其原理就是本章介绍的字幕生成技术。

第18章

聊天机器人

　　在人工智能领域里，人机对话一直是个热门的话题，且实际应用非常多见，如淘宝的客服、百度的小度语音助手等客户服务应用。如何让一台机器与多领域的人进行有价值的对话，是个亟待解决的问题。本章将探索一个好玩有趣的 Seq2Seq 模型用例，利用电影角色对话数据集来训练一个简单的聊天机器人，实现基本的逻辑对话。

18.1 **准备数据**

这次用到的数据是一个丰富的电影角色对话数据集 Cornell Movie-Dialogs Corpus，里面包含了 617 部电影中的 9035 个电影角色，10292 对电影角色之间的 220579 次对话，可以从 Cornell 网站上进行下载。

18.1.1 数据预处理

将下载后的数据放入 data 文件夹下，导入一些包并查看原始数据的格式：

```python
# 导入常见的包
from __future__ import absolute_import
from __future__ import division
from __future__ import print_function
from __future__ import unicode_literals

import torch
from torch.jit import script, trace
import torch.nn as nn
from torch import optim
import torch.nn.functional as F
import csv
import random
import re
import os
import unicodedata
import codecs
from io import open
import itertools
import math

USE_CUDA = torch.cuda.is_available()
device = torch.device("cuda" if USE_CUDA else "cpu")
# 查看
corpus_name = "cornell movie-dialogs corpus"
corpus = os.path.join("data", corpus_name)
# 打印 5 行观察
def printLines(file, n=5):
    with open(file, 'rb') as datafile:
        lines = datafile.readlines()
    for line in lines[:n]:
        print(line)

printLines(os.path.join(corpus, "movie_lines.txt"))
```

输出结果如下：

```
b'L1045 +++$+++ u0 +++$+++ m0 +++$+++ BIANCA +++$+++ They do not!\n'
b'L1044 +++$+++ u2 +++$+++ m0 +++$+++ CAMERON +++$+++ They do to!\n'
b'L985 +++$+++ u0 +++$+++ m0 +++$+++ BIANCA +++$+++ I hope so.\n'
b'L984 +++$+++ u2 +++$+++ m0 +++$+++ CAMERON +++$+++ She okay?\n'
b"L925 +++$+++ u0 +++$+++ m0 +++$+++ BIANCA +++$+++ Let's go.\n"
```

为了方便观察，我们将数据处理成格式较好的文件，每一行由"查询语句 + \t + 响应语句"构成，代码如下：

```python
# 将文件的每一行拆分为字段字典
def loadLines(fileName, fields):
    lines = {}
    with open(fileName, 'r', encoding='iso-8859-1') as f:
        for line in f:
            values = line.split(" +++$+++ ")
            # Extract fields
            lineObj = {}
            for i, field in enumerate(fields):
                lineObj[field] = values[i]
            lines[lineObj['lineID']] = lineObj
    return lines

# 将 loadLines 中的行字段分组为基于 movie_conversations.txt 的对话
def loadConversations(fileName, lines, fields):
    conversations = []
    with open(fileName, 'r', encoding='iso-8859-1') as f:
        for line in f:
            values = line.split(" +++$+++ ")
            # 提取字段
            convObj = {}
            for i, field in enumerate(fields):
                convObj[field] = values[i]
            # Convert string to list (convObj["utteranceIDs"] ==
            "['L598485', 'L598486', ...]")
            lineIds = eval(convObj["utteranceIDs"])
            # Reassemble lines
            convObj["lines"] = []
            for lineId in lineIds:
                convObj["lines"].append(lines[lineId])
            conversations.append(convObj)
    return conversations

# 从对话中提取一对句子
def extractSentencePairs(conversations):
    qa_pairs = []
    for conversation in conversations:
        # Iterate over all the lines of the conversation
        for i in range(len(conversation["lines"]) - 1):
```

```
                                # We ignore the last line (no answer for it)
                inputLine = conversation["lines"][i]["text"].strip()
                targetLine = conversation["lines"][i+1]["text"].strip()
                # Filter wrong samples (if one of the lists is empty)
                if inputLine and targetLine:
                    qa_pairs.append([inputLine, targetLine])
return qa_pairs
# 调用上述函数来创建文件，命名为 formatted_movie_lines.txt
# 定义新文件的路径
datafile = os.path.join(corpus, "formatted_movie_lines.txt")

delimiter = '\t'

delimiter = str(codecs.decode(delimiter, "unicode_escape"))

# 初始化行 dict、对话列表和字段 ID
lines = {}
conversations = []
MOVIE_LINES_FIELDS = ["lineID", "characterID", "movieID",
"character", "text"]
MOVIE_CONVERSATIONS_FIELDS = ["character1ID", "character2ID",
"movieID", "utteranceIDs"]

# 加载行和进程对话
print("\nProcessing corpus...")
lines = loadLines(os.path.join(corpus, "movie_lines.txt"),
                  MOVIE_LINES_FIELDS)
print("\nLoading conversations...")
conversations = loadConversations(os.path.join(corpus,
                  "movie_conversa tions.txt"), lines,
                  MOVIE_CONVERSATIONS_FIELDS)

# 写入新的 csv 文件
print("\nWriting newly formatted file...")
with open(datafile, 'w', encoding='utf-8') as outputfile:
    writer = csv.writer(outputfile, delimiter=delimiter,
                        lineterminator='\n')
    for pair in extractSentencePairs(conversations):
        writer.writerow(pair)
```

其中，loadLines 函数将文件的每一行拆分为字段（lineID，characterID，movieID，character，text）形成的字典；loadConversations 函数利用 loadLines 函数对 movie_conversations.txt 每一行进行操作；extractSentencePairs 函数从对话中提取句子对。

18.1.2　为模型准备数据

下面创建词汇表，并将句子中单词表示转换成机器能识别的索引。为此我们创建了一个 Voc

类，主要用来存储从单词到索引的映射、索引到单词的反向映射、每个单词的计数和总单词量。同时，该类还定义了一些数据清洗的方法，以待后面进行。代码如下：

```
# 默认词向量
PAD_token = 0   # 填充标记，用于填充句子到固定长度
SOS_token = 1   # 开始标记，表示句子的开始
EOS_token = 2   # 结束标记，表示句子结束

class Voc:
    def __init__(self, name):
        self.name = name
        self.trimmed = False
        self.word2index = {}
        self.word2count = {}
        self.index2word = {PAD_token: "PAD", SOS_token: "SOS",
                           EOS_token: "EOS"}
        self.num_words = 3    # 填充、开始、结束标记为系统标记，不是单词，需要忽略
                              # 掉，避免冲突
    def addSentence(self, sentence):
        for word in sentence.split(' '):
            self.addWord(word)
    def addWord(self, word):
        if word not in self.word2index:
            self.word2index[word] = self.num_words
            self.word2count[word] = 1
            self.index2word[self.num_words] = word
            self.num_words += 1
        else:
            self.word2count[word] += 1
    # 删除低于特定计数阈值的单词
    def trim(self, min_count):
        if self.trimmed:
            return
        self.trimmed = True
        keep_words = []
        for k, v in self.word2count.items():
            if v >= min_count:
                keep_words.append(k)
        print('keep_words {} / {} = {:.4f}'.format(
            len(keep_words), len(self.word2index), len(keep_words) /
                len(self.word2index)
        ))
        # 重初始化字典
        self.word2index = {}
        self.word2count = {}
        self.index2word = {PAD_token: "PAD", SOS_token: "SOS",
EOS_token: "EOS"}
        self.num_words = 3 # 填充、开始、结束标记为系统标记，不是单词，需要忽略
                           # 掉，避免冲突
```

```
        for word in keep_words:
            self.addWord(word)
```

由于原始数据中含有不是 ASCII 编码的字符，我们需要将 Unicode 进行转换，然后将大写字母变小写字母、清洗掉除基本标点之外的非字母字符，除此之外将过滤掉长度大于 MAX_LENGTH 的句子。代码如下：

```
MAX_LENGTH = 10    # 能处理的最大句子长度
# 将 Unicode 字符串转换为 ASCII 编码
def unicodeToAscii(s):
    return ''.join(
        c for c in unicodedata.normalize('NFD', s)
        if unicodedata.category(c) != 'Mn'
    )
# 初始化 Voc 对象和格式化 pairs 对话存放到 list 中
def readVocs(datafile, corpus_name):
    print("Reading lines...")
    # 读取文件，并按行切分成数组
    lines = open(datafile, encoding='utf-8').read().strip().split('\n')
    # 切分所有的行为 pairs，并且正规处理化处理一下文本
    pairs = [[normalizeString(s) for s in l.split('\t')] for l in lines]
    voc = Voc(corpus_name)
    return voc, pairs
# 如果对 'p' 中的两个句子都低于 MAX_LENGTH 阈值，则返回 True
def filterPair(p):
    # 输入的句子需要保留最后一个单词用于作为结束标记
    return len(p[0].split(' ')) < MAX_LENGTH and len(p[1].split(' ')) <
        MAX_LENGTH
# 过滤满足条件的 pairs 对话
def filterPairs(pairs):
    return [pair for pair in pairs if filterPair(pair)]
# 使用上面定义的函数，返回一个填充的 Voc 对象和对列表
def loadPrepareData(corpus, corpus_name, datafile, save_dir):
    print("Start preparing training data ...")
    voc, pairs = readVocs(datafile, corpus_name)
    print("Read {!s} sentence pairs".format(len(pairs)))
    pairs = filterPairs(pairs)
    print("Trimmed to {!s} sentence pairs".format(len(pairs)))
    print("Counting words...")
    for pair in pairs:
        voc.addSentence(pair[0])
        voc.addSentence(pair[1])
    print("Counted words:", voc.num_words)
    return voc, pairs
# 加载 / 组装 voc 和对
save_dir = os.path.join("data", "save")
voc, pairs = loadPrepareData(corpus, corpus_name, datafile, save_dir)
# 打印一些对进行验证
print("\npairs:")
```

```
for pair in pairs[:5]:
    print(pair)
```

输出结果如下：

```
Start preparing training data ...
Reading lines...
Read 221282 sentence pairs
Trimmed to 64271 sentence pairs
Counting words...
Counted words: 18008
pairs:
['there .', 'where ?']
['you have my word . as a gentleman', 'you re sweet .']
['hi .', 'looks like things worked out tonight huh ?']
['you know chastity ?', 'i believe we share an art instructor']
['have fun tonight ?', 'tons']
```

为了让训练模型更快收敛，还有一种策略是去除词汇表中的低频词，可以使用 Voc 里统计词频的方法去除 MIN_COUNT 阈值以下的单词。代码如下：

```
MIN_COUNT = 3        # 修剪的最小字数阈值
def trimRareWords(voc, pairs, MIN_COUNT):
    # 修剪来自 voc 的 MIN_COUNT 下使用的单词
    voc.trim(MIN_COUNT)
    # 过滤掉修剪的单词的对
    keep_pairs = []
    for pair in pairs:
        input_sentence = pair[0]
        output_sentence = pair[1]
        keep_input = True
        keep_output = True
        # 检查输入句子
        for word in input_sentence.split(' '):
            if word not in voc.word2index:
                keep_input = False
                break
        # 检查输出句子
        for word in output_sentence.split(' '):
            if word not in voc.word2index:
                keep_output = False
                break
        # 只保留输入或输出句子中不包含修剪单词的对
        if keep_input and keep_output:
            keep_pairs.append(pair)
    return keep_pairs
```

虽然已经将数据处理成索引的格式，但还需将数据张量化，即转换成 tensor。使用 min-batch 的方式打包数据有利于加速训练，或者利用 GPU 提高并行计算能力，使用过程中需要注意句子长度的变化，因此设置 MAX_LENGTH 来固定句子大小，超过最大长度的进行截断，未超过的进行零填充。最后得到的数据维度是 (Batch，Max_length，Hidden_dim)。代码如下：

```python
def indexesFromSentence(voc, sentence):
    return [voc.word2index[word] for word in sentence.split(' ')] +
                                                        [EOS_token]
# zip 对数据进行合并，相当于行列转置
def zeroPadding(l, fillvalue=PAD_token):
    return list(itertools.zip_longest(*l, fillvalue=fillvalue))
# 记录 PAD_token 的位置为 0，其他的为 1
def binaryMatrix(l, value=PAD_token):
    m = []
    for i, seq in enumerate(l):
        m.append([])
        for token in seq:
            if token == PAD_token:
                m[i].append(0)
            else:
                m[i].append(1)
    return m
# 返回填充前（加入结束 index EOS_token 做标记）的长度和填充后的输入序列张量
def inputVar(l, voc):
    indexes_batch = [indexesFromSentence(voc, sentence) for sentence in l]
    lengths = torch.tensor([len(indexes) for indexes in indexes_batch])
    padList = zeroPadding(indexes_batch)
    padVar = torch.LongTensor(padList)
    return padVar, lengths
# 返回填充前（加入结束 index EOS_token 做标记）最长的一个长度、填充后的输入序列张量
# 和填充后的标记 mask
def outputVar(l, voc):
    indexes_batch = [indexesFromSentence(voc, sentence) for sentence in l]
    max_target_len = max([len(indexes) for indexes in indexes_batch])
    padList = zeroPadding(indexes_batch)
    mask = binaryMatrix(padList)
    mask = torch.ByteTensor(mask)
    padVar = torch.LongTensor(padList)
    return padVar, mask, max_target_len
# 返回给定 batch 对的所有项目
def batch2TrainData(voc, pair_batch):
    pair_batch.sort(key=lambda x: len(x[0].split(" ")), reverse=True)
    input_batch, output_batch = [], []
    for pair in pair_batch:
        input_batch.append(pair[0])
        output_batch.append(pair[1])
    inp, lengths = inputVar(input_batch, voc)
    output, mask, max_target_len = outputVar(output_batch, voc)
    return inp, lengths, output, mask, max_target_len
# 验证例子
small_batch_size = 5
```

```
batches = batch2TrainData(voc, [random.choice(pairs) for _ in
                            range(small_batch_size)])
input_variable, lengths, target_variable, mask, max_target_len = batches

print("input_variable:", input_variable)
print("lengths:", lengths)
print("target_variable:", target_variable)
print("mask:", mask)
print("max_target_len:", max_target_len)
```

输出结果如下：

```
input_variable: tensor([[ 273,    64,    53,    25,    25],
        [ 188,   542,  4095,   200,   200],
        [  53,     4,   115,    67,  3644],
        [ 660,     4,  3600,  1531,     2],
        [1258,     4,     4,     4,     0],
        [   4,     2,     2,     2,     0],
        [   2,     0,     0,     0,     0]])
lengths: tensor([7, 6, 6, 6, 4])
target_variable: tensor([[ 147,   214,   219,   252,   122],
        [  47,     4,   389,   387,    27],
        [   7,     4,    25,    25,    14],
        [1026,     4,   222,     4,    53],
        [1034,     2,    53,     2,     4],
        [  12,     0,  4096,     0,     4],
        [1113,     0,     6,     0,     4],
        [   4,     0,     2,     0,     2],
        [   2,     0,     0,     0,     0]])
mask: tensor([[1, 1, 1, 1, 1],
        [1, 1, 1, 1, 1],
        [1, 1, 1, 1, 1],
        [1, 1, 1, 1, 1],
        [1, 1, 1, 1, 1],
        [1, 0, 1, 0, 1],
        [1, 0, 1, 0, 1],
        [1, 0, 1, 0, 1],
        [1, 0, 0, 0, 0]], dtype=torch.uint8)
max_target_len: 9
```

18.2 构建模型

本章聊天机器人的大脑部分的设计利用了 Seq2Seq 模型，即利用 Encoder 和 Decoder 两个 RNN 网络一同构成的模型。Encoder 将可变长度输入序列编码为固定长度上下文向量，理论上，该上下文向量将包含关于输入机器人的查询语句的语义信息。Decoder 接收输入文字和上下文向量，并返回序列中下一句文字的概率和在下一次迭代中使用到的隐藏状态。模型结构如图 18-1 所示。

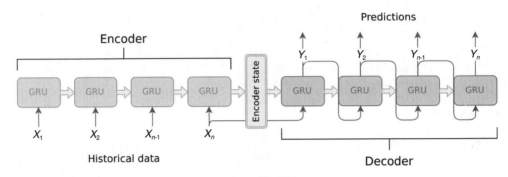

图18-1　模型结构

18.2.1　Encoder

Encoder 在每次迭代时将语句里的每个词进行输入，这里指的是 token，如一个单词，同时在这段时间内输出"output"向量和"hidden"向量，然后将 hidden 传递给下一步，并记录输出向量。这里的 Encoder 使用两个独立的 GRU，一个以正常顺序输入序列，另一个以相反顺序输入序列，每个网络的输出是在每个时间步上进行求和。

Encoder 的计算步骤如下：

（1）将单词索引转换为 embedding，该部分将每个单词映射到 hidden_size 大小的特征空间中，可以表示更多层的含义。

（2）在传进去 RNN 模块之前，需要打包和填充成固定维度的 batch 序列，这里用到了 torch 里的两个函数，即 torch.nn.utils.rnn.pack_padded_sequence 和 torch.nn.utils.rnn.pad_packed_sequence，分别进行填充和反填充，这里是为了固定输入的 sequence 的长度。

（3）通过 GRU 进行前向传播。

（4）反填充。

（5）对双向的 GRU 输出求和。

（6）返回输出 output 和隐藏状态 hidden。

Encoder 计算的代码如下：

```
class EncoderRNN(nn.Module):
    def __init__(self, hidden_size, embedding, n_layers=1, dropout=0):
        super(EncoderRNN, self).__init__()
        self.n_layers = n_layers
        self.hidden_size = hidden_size
        self.embedding = embedding
```

```
        # 初始化 GRU; input_size 和 hidden_size 参数都设置为 'hidden_size'
        # 因为输入大小是一个嵌入了多个特征的单词 hidden_size
        self.gru = nn.GRU(hidden_size, hidden_size, n_layers,
                          dropout=(0 if n_layers == 1 else dropout),
                          bidirectional=True)
def forward(self, input_seq, input_lengths, hidden=None):
        '''
        Input_seq (max_length, batch_size)
        Input_lengths (batch_size)
        hidden (n_layers x num_directions, batch_size, hidden_size)
        '''
        # 将单词索引转换为词向量
        embedded = self.embedding(input_seq)
        # 为 RNN 模块打包填充 batch 序列
        packed = nn.utils.rnn.pack_padded_sequence(embedded, input_
                                                   lengths)
        # 正向通过 GRU
        outputs, hidden = self.gru(packed, hidden)
        # 打开填充
        outputs, _ = nn.utils.rnn.pad_packed_sequence(outputs)
        # 总和双向 GRU 输出
        outputs = outputs[:, :, :self.hidden_size] + outputs[:, : ,self.
                  hidden_size:]
        # 返回输出和最终隐藏状态
        # outputs (max_length, batch_size, hidden_size)
        return outputs, hidden
```

18.2.2 Decoder

Decoder 以 token-by-token 的方式生成响应语句，它使用 Encoder 的上下文向量和内部隐藏状态来生成序列中的下个词，并持续生成单词直到输出是 <EOS>，该符号用来表示句子结尾。如果只依赖于上下文向量，可能无法让模型学到每个词应该对应原始句子中的哪一个，因此 Attention 机制被用来解决注意力的问题。

让 Decoder 每一步都关注输入序列中的某些部分，而不再是固定的上下文向量，具体做法是，用 Encoder 的所有步 hidden 与 Decoder 每一步的输出来计算权重，给出一个加权和，表示当前步需要着重注意哪些部分。我们提供了三种方法来计算该权重，分别是直接点乘的 dot 版本、使用一个全连接层去学习的 general 版本，还有将两者进行合并且利用参数更新的 concat 版本。

关于注意力计算的代码如下：

```
# Luong 的 attention layer
class Attn(torch.nn.Module):
    def __init__(self, method, hidden_size):
        super(Attn, self).__init__()
```

```
        self.method = method
        if self.method not in ['dot', 'general', 'concat']:
            raise ValueError(self.method, "is not an appropriate
                            attention method.")
        self.hidden_size = hidden_size
        if self.method == 'general':
            self.attn = torch.nn.Linear(self.hidden_size, hidden_size)
        elif self.method == 'concat':
            self.attn = torch.nn.Linear(self.hidden_size * 2, hidden_
                                        size)
            self.v = torch.nn.Parameter(torch.FloatTensor(hidden_size))
    def dot_score(self, hidden, encoder_output):
        return torch.sum(hidden * encoder_output, dim=2)
    def general_score(self, hidden, encoder_output):
        energy = self.attn(encoder_output)
        return torch.sum(hidden * energy, dim=2)
    def concat_score(self, hidden, encoder_output):
        energy = self.attn(torch.cat((hidden.expand(encoder_output.
                            size(0), -1, -1), encoder_output),2)).tanh()
        return torch.sum(self.v * energy, dim=2)
    def forward(self, hidden, encoder_outputs):
        # 根据给定的方法计算注意力（能量）
        if self.method == 'general':
            attn_energies = self.general_score(hidden, encoder_outputs)
        elif self.method == 'concat':
            attn_energies = self.concat_score(hidden, encoder_outputs)
        elif self.method == 'dot':
            attn_energies = self.dot_score(hidden, encoder_outputs)
        # Transpose max_length and batch_size dimensions
        attn_energies = attn_energies.t()
        # Return the softmax normalized probability scores (with added
        # dimension)
        return F.softmax(attn_energies, dim=1).unsqueeze(1)
```

Dncoder 的计算步骤如下：

（1）获取当前输入词的 embedding，并通过 GRU 进行前向传播。

（2）计算当前步骤的注意力权重。

（3）将注意力权重乘以 Encoder 的所有 hidden，即加权求和，得到带有权重的上下文向量。

（4）使用带有权重的上下文向量和当前输入得到当前步输出，预测下一个单词。

（5）返回输出和最终的隐藏状态。

Encoder 的完整代码如下：

```
class LuongAttnDecoderRNN(nn.Module):
    def __init__(self, attn_model, embedding, hidden_size, output_size,
                n_layers=1, dropout=0.1):
        super(LuongAttnDecoderRNN, self).__init__()
        self.attn_model = attn_model
```

```
        self.hidden_size = hidden_size
        self.output_size = output_size
        self.n_layers = n_layers
        self.dropout = dropout
        # 定义层
        self.embedding = embedding
        self.embedding_dropout = nn.Dropout(dropout)
        self.gru = nn.GRU(hidden_size, hidden_size, n_layers, dropout=(0
                        if n_layers == 1 else dropout))
        self.concat = nn.Linear(hidden_size * 2, hidden_size)
        self.out = nn.Linear(hidden_size, output_size)
        self.attn = Attn(attn_model, hidden_size)
    def forward(self, input_step, last_hidden, encoder_outputs):
        # 获取当前输入字的嵌入
        embedded = self.embedding(input_step)
        embedded = self.embedding_dropout(embedded)
        # 通过单向 GRU 转发
        rnn_output, hidden = self.gru(embedded, last_hidden)
        # 从当前 GRU 输出计算注意力
        attn_weights = self.attn(rnn_output, encoder_outputs)
        # 将注意力权重乘以编码器输出以获得新的加权和上下文向量
        context = attn_weights.bmm(encoder_outputs.transpose(0, 1))
        rnn_output = rnn_output.squeeze(0)
        context = context.squeeze(1)
        concat_input = torch.cat((rnn_output, context), 1)
        concat_output = torch.tanh(self.concat(concat_input))
        output = self.out(concat_output)
        output = F.softmax(output, dim=1)
        # 返回输出和最终隐藏状态
        return output, hidden
```

18.3 训练准备

在开始训练之前，我们先定义好训练步骤，将训练的整个过程理清，封装成函数，以便直接调用。

如果输入给定，最终如何通过 loss 函数来让网络进行训练？这里利用的是 maskNLLLoss，由于前面的输入我们做了处理，利用 mask 来进行 padding 运算，因此并不是对 tensor 里所有元素进行计算。除此之外，NLLLoss 根据 output 计算负对数似然，利用 target 标签来进行计算，代码如下：

```
def maskNLLLoss(inp, target, mask):
    nTotal = mask.sum()
    crossEntropy = -torch.log(torch.gather(inp, 1,
```

```
                        target.view(-1, 1)). squeeze(1))
loss = crossEntropy.masked_select(mask).mean()
loss = loss.to(device)
return loss, nTotal.item()
```

接下来定义单次训练的步骤，将函数包装好，方便接下来调用，整个操作步骤如下：

（1）通过 Encoder 计算 batch 个 input。

（2）将 Encoder 输入初始化为 <SOS>，将 Encoder 最终的 hidden 状态作为 Decoder 的初始 hidden 状态。

（3）通过 Decoder 一次一步地进行前向计算。

（4）预测目标时的技巧，这里用到的 Teacher Forcing 在 15.5 节中详细提到过，大概意思是是否需要用真实目标作为下一步的输入，而不是用预测出来的单词。

（5）利用上述提到的 maskNLLLoss 计算并累积损失。

（6）进行反向传播，可以用梯度裁剪的技巧防止梯度爆炸，以防止梯度在训练过程中出现指数增长并发生溢出。

（7）更新 Encoder 和 Decoder 参数。

单次迭代的训练代码如下：

```
def train(input_variable, lengths, target_variable, mask, max_target_
len, encoder, decoder, embedding, encoder_optimizer, decoder_optimizer,
batch_size, clip, max_length=MAX_LENGTH):
    # 零化梯度
    encoder_optimizer.zero_grad()
    decoder_optimizer.zero_grad()
    # 设置设备选项
    input_variable = input_variable.to(device)
    lengths = lengths.to(device)
    target_variable = target_variable.to(device)
    mask = mask.to(device)
    # 初始化变量
    loss = 0
    print_losses = []
    n_totals = 0
    # 正向传递编码器
    encoder_outputs, encoder_hidden = encoder(input_variable, lengths)
    # 创建初始解码器输入（从每个句子的 SOS 令牌开始）
    decoder_input = torch.LongTensor([[SOS_token for _in
                                    range(batch_size)]])
    decoder_input = decoder_input.to(device)
    # 将初始解码器隐藏状态设置为编码器的最终隐藏状态
    decoder_hidden = encoder_hidden[:decoder.n_layers]
    # 确定我们此次是否迭代使用 `teacher forcing`
    use_teacher_forcing = True if random.random() <teacher_forcing_ratio
                        else False
```

```
# 通过解码器一次一步地转发一批序列
if use_teacher_forcing:
    for t in range(max_target_len):
        decoder_output, decoder_hidden = decoder(
            decoder_input, decoder_hidden, encoder_outputs
        )
        # Teacher Forcing: 下一个输入是当前的目标
        decoder_input = target_variable[t].view(1, -1)
        # 计算并累计损失
        mask_loss, nTotal = maskNLLLoss(decoder_output, target_
                                        variable[t], mask[t])
        loss += mask_loss
        print_losses.append(mask_loss.item() * nTotal)
        n_totals += nTotal
else:
    for t in range(max_target_len):
        decoder_output, decoder_hidden = decoder(
            decoder_input, decoder_hidden, encoder_outputs
        )
        # 没有 Teacher Forcing: 下一个输入是解码器自己的当前输出
        _, topi = decoder_output.topk(1)
        decoder_input = torch.LongTensor([[topi[i][0] for i in
                                        range(batch_size)]])
        decoder_input = decoder_input.to(device)
        # 计算并累计损失
        mask_loss, nTotal = maskNLLLoss(decoder_output,
                                        target_variable[t], mask[t])
        loss += mask_loss
        print_losses.append(mask_loss.item() * nTotal)
        n_totals += nTotal
# 执行反向传播
loss.backward()
# 梯度被修改到位
_ = torch.nn.utils.clip_grad_norm_(encoder.parameters(), clip)
_ = torch.nn.utils.clip_grad_norm_(decoder.parameters(), clip)
# 调整模型权重
encoder_optimizer.step()
decoder_optimizer.step()
return sum(print_losses) / n_totals
```

当然，模型只运行一次是不会出现比较好的效果的。为此需要迭代多次，这里将上述代码再次进行封装，将数据输入和模型训练放在一起，给定输入、模型和优化器等。另外，在训练时保存模型，可以方便后续重新加载或者在中断的地方继续训练。

将数据输入和模型训练放在一起，并给定输入、模型和优化器，完整代码如下：

```
def trainIters(model_name, voc, pairs, encoder, decoder, encoder_
optimizer, decoder_optimizer, embedding, encoder_n_layers, decoder_n_
layers, save_dir, n_iteration, batch_size, print_every, save_every,
```

```
clip, corpus_name, loadFilename):
    # 为每次迭代加载 batches
    training_batches = [batch2TrainData(voc, [random.choice(pairs) for
                                    _ in range(batch_size)])
                for _ in range(n_iteration)]
    # 初始化
    print('Initializing ...')
    start_iteration = 1
    print_loss = 0
    if loadFilename:
        start_iteration = checkpoint['iteration'] + 1
    # 训练循环
    print("Training...")
    for iteration in range(start_iteration, n_iteration + 1):
        training_batch = training_batches[iteration - 1]
        # 从 batch 中提取字段
        input_variable, lengths, target_variable, mask, max_target_len =
            training_batch
        # 使用 batch 运行训练迭代
        loss = train(input_variable, lengths, target_variable, mask,
            max_target_len, encoder, decoder, embedding, encoder_
            optimizer, decoder_optimizer, batch_size, clip)
        print_loss += loss
        # 打印进度
        if iteration % print_every == 0:
            print_loss_avg = print_loss / print_every
            print("Iteration: {}; Percent complete: {:.1f}%; Average
                    loss: {:.4f}".format(iteration, iteration / n_
                    iteration * 100, print_loss_avg))
            print_loss = 0
        # 保存 checkpoint
        if (iteration % save_every == 0):
            directory = os.path.join(save_dir, model_name, corpus_name,
                        '{}-{}_{}'.format(encoder_n_layers, decoder_
                        n_layers, hidden_size))
            if not os.path.exists(directory):
                os.makedirs(directory)
            torch.save({
                'iteration': iteration,
                'en': encoder.state_dict(),
                'de': decoder.state_dict(),
                'en_opt': encoder_optimizer.state_dict(),
                'de_opt': decoder_optimizer.state_dict(),
                'loss': loss,
                'voc_dict': voc.__dict__,
                'embedding': embedding.state_dict()
            }, os.path.join(directory, '{}_{}.tar'.format(iteration,
'checkpoint')))
```

18.4 评估模型

当模型训练完成后，先定义好如何解码，这里使用到的是贪婪解码，即不使用上述提到的 Teacher Forcing 技巧，对每一步采用最大的 Softmax 值对应的单词，该解码方法在单步上最佳。为了便于贪婪解码操作，定义一个 GreedySearchDecoder 类，具体步骤如下。

（1）通过 Encoder 前向计算，得到最终 hidden 状态，并将其作为 Decoder 的第一个初始 hidden 状态。

（2）将 Decoder 第一步输入初始设置为 <SOS>，将初始化 tensor 追加到解码后的单词中。

（3）一次迭代解码一个单词：通过 Decoder 进行前向计算；获得最大的 Softmax 分数及最可能的单词；记录 token 和分数；将当前预测出的 token 作为下一步的输入。

（4）返回收集到的 tokens 和分数。

定义 GreedySearchDecoder 类的代码如下：

```
class GreedySearchDecoder(nn.Module):
    def __init__(self, encoder, decoder):
        super(GreedySearchDecoder, self).__init__()
        self.encoder = encoder
        self.decoder = decoder
    def forward(self, input_seq, input_length, max_length):
        # 通过编码器模型转发输入
        encoder_outputs, encoder_hidden = self.encoder(input_seq,
            input_length)
        # 准备编码器的最终隐藏层作为解码器的第一个隐藏输入
        decoder_hidden = encoder_hidden[:decoder.n_layers]
        # 使用 SOS_token 初始化解码器输入
        decoder_input = torch.ones(1, 1, device=device,
                        dtype=torch. long) * SOS_token
        # 初始化张量
        all_tokens = torch.zeros([0], device=device, dtype=torch.long)
        all_scores = torch.zeros([0], device=device)
        # 一次迭代解码一个词 token
        for _ in range(max_length):
            # 正向通过解码器
            decoder_output, decoder_hidden = self.decoder(decoder_
                                            input, decoder_hidden,
                                            encoder_outputs)
            # 获得最可能的单词标记及其 Softmax 分数
            decoder_scores, decoder_input = torch.max(decoder_output,
            dim=1)
            # 记录 token 和分数
            all_tokens = torch.cat((all_tokens, decoder_input), dim=0)
            all_scores = torch.cat((all_scores, decoder_scores), dim=0)
            # 准备当前令牌作为下一个解码器输入（添加维度）
```

```
            decoder_input = torch.unsqueeze(decoder_input, 0)
        # 返回收集到的词 token 和分数
        return all_tokens, all_scores
```

在定义了解码方法后，我们可以编写用于评估句子的函数。首先，使用 batch_size == 1 将句子格式化为输入 batch 的单词索引。通过将句子的单词转换为相应的索引，并通过得到 embedding 来为模型准备 tensor，再创建一个 lengths 张量，代表输入句子的长度。在这种情况下，lengths 是标量，因为一次只评估一个句子（batch_size == 1）。其次，使用 GreedySearchDecoder 实例化后的对象（searcher）获得解码响应句子的 tensor。最后，将响应的索引转换为单词并返回已解码单词的列表。

使用上下文验证函数 evaluateInput 充当聊天机器人的用户接口，用于和用户进行交互。调用时，将生成一个输入文本字段，可以在其中输入查询语句。在输入句子并按 Enter 键后，文本以与训练数据相同的方式标准化，并最终被输入评估函数以获得解码的输出句子。循环这个过程，可以继续与聊天机器人对话直到输入"q"或"quit"才结束。

如果输入的句子包含一个不在词汇表中的单词，我们会通过打印错误消息并提示用户输入另一个句子。

前面提到的与验证逻辑相关的代码如下：

```
def evaluate(encoder, decoder, searcher, voc, sentence, max_length=MAX_
LENGTH):
    ### 格式化输入句子作为 batch
    # words -> indexes
    indexes_batch = [indexesFromSentence(voc, sentence)]
    # 创建 lengths 张量
    lengths = torch.tensor([len(indexes) for indexes in indexes_batch])
    # 转置 batch 的维度以匹配模型的期望
    input_batch = torch.LongTensor(indexes_batch).transpose(0, 1)
    # 使用合适的设备
    input_batch = input_batch.to(device)
    lengths = lengths.to(device)
    # 用 searcher 解码句子
    tokens, scores = searcher(input_batch, lengths, max_length)
    # indexes -> words
    decoded_words = [voc.index2word[token.item()] for token in tokens]
    return decoded_words


def evaluateInput(encoder, decoder, searcher, voc):
    input_sentence = ''
    while(1):
        try:
            # 获取输入句子
            input_sentence = input('> ')
            # 检查是否退出
            if input_sentence == 'q' or input_sentence == 'quit': break
```

```
        # 规范化句子
        input_sentence = normalizeString(input_sentence)
        # 评估句子
        output_words = evaluate(encoder, decoder, searcher, voc,
                                input_sentence)
        # 格式化和打印回复句
        output_words[:] = [x for x in output_words if not (x ==
                            'EOS' or x == 'PAD')]
        print('Bot:', ' '.join(output_words))

    except KeyError:
        print("Error: Encountered unknown word.")
```

18.5 训练模型

在前面的模型讲解及各种训练函数封装后，我们可以很容易地对其进行调用，下面先初始化模型，通过不同的配置，以及超参数来训练模型。

```
# 配置模型
model_name = 'cb_model'
attn_model = 'dot'
#attn_model = 'general'
#attn_model = 'concat'
hidden_size = 500
encoder_n_layers = 2
decoder_n_layers = 2
dropout = 0.1
batch_size = 64
# 设置检查点以加载；如果从头开始，则设置为 None
loadFilename = None
checkpoint_iter = 4000
#loadFilename = os.path.join(save_dir, model_name, corpus_name,
#'{}-{}_{}'.format(encoder_n_layers, decoder_n_layers, hidden_size),
#'{}_checkpoint.tar'.format(checkpoint_iter))

# 如果提供了 loadFilename，则加载模型
if loadFilename:
    # 如果在同一台机器上加载，则对模型进行训练
    checkpoint = torch.load(loadFilename)
    # If loading a model trained on GPU to CPU
    #checkpoint = torch.load(loadFilename, map_location=
    #torch.device('cpu'))
    encoder_sd = checkpoint['en']
```

```
    decoder_sd = checkpoint['de']
    encoder_optimizer_sd = checkpoint['en_opt']
    decoder_optimizer_sd = checkpoint['de_opt']
    embedding_sd = checkpoint['embedding']
    voc.__dict__ = checkpoint['voc_dict']
print('Building encoder and decoder ...')
# 初始化词向量
embedding = nn.Embedding(voc.num_words, hidden_size)
if loadFilename:
    embedding.load_state_dict(embedding_sd)
# 初始化编码器和解码器模型
encoder = EncoderRNN(hidden_size, embedding, encoder_n_layers, dropout)
decoder = LuongAttnDecoderRNN(attn_model, embedding, hidden_size, voc.
num_words, decoder_n_layers, dropout)
if loadFilename:
    encoder.load_state_dict(encoder_sd)
    decoder.load_state_dict(decoder_sd)
# 使用合适的设备
encoder = encoder.to(device)
decoder = decoder.to(device)
print('Models built and ready to go!')


# 配置训练 / 优化
clip = 50.0
teacher_forcing_ratio = 1.0
learning_rate = 0.0001
decoder_learning_ratio = 5.0
n_iteration = 4000
print_every = 1
save_every = 500


# 确保 Dropout 层在训练模型中
encoder.train()
decoder.train()
# 初始化优化器
print('Building optimizers ...')
encoder_optimizer = optim.Adam(encoder.parameters(), lr=learning_rate)
decoder_optimizer = optim.Adam(decoder.parameters(), lr=learning_rate *
                   decoder_learning_ratio)
if loadFilename:
    encoder_optimizer.load_state_dict(encoder_optimizer_sd)
    decoder_optimizer.load_state_dict(decoder_optimizer_sd)
# 运行训练迭代
print("Starting Training!")
trainIters(model_name, voc, pairs, encoder, decoder, encoder_optimizer,
           decoder_optimizer, embedding, encoder_n_layers, decoder_n_
           layers, save_dir, n_iteration, batch_size,
           print_every, save_every, clip, corpus_name, loadFilename)
```

最终输出结果如下：

```
Building optimizers ...
Starting Training!
Initializing ...
Training...
Iteration: 1; Percent complete: 0.0%; Average loss: 8.9717
Iteration: 2; Percent complete: 0.1%; Average loss: 8.8521
Iteration: 3; Percent complete: 0.1%; Average loss: 8.6360
Iteration: 4; Percent complete: 0.1%; Average loss: 8.4234
Iteration: 5; Percent complete: 0.1%; Average loss: 7.9403
Iteration: 6; Percent complete: 0.1%; Average loss: 7.3892
Iteration: 7; Percent complete: 0.2%; Average loss: 7.0589
Iteration: 8; Percent complete: 0.2%; Average loss: 7.0130
Iteration: 9; Percent complete: 0.2%; Average loss: 6.7383
Iteration: 10; Percent complete: 0.2%; Average loss: 6.5343
...
Iteration: 3991; Percent complete: 99.8%; Average loss: 2.6607
Iteration: 3992; Percent complete: 99.8%; Average loss: 2.6188
Iteration: 3993; Percent complete: 99.8%; Average loss: 2.8319
Iteration: 3994; Percent complete: 99.9%; Average loss: 2.5817
Iteration: 3995; Percent complete: 99.9%; Average loss: 2.4979
Iteration: 3996; Percent complete: 99.9%; Average loss: 2.7317
Iteration: 3997; Percent complete: 99.9%; Average loss: 2.5969
Iteration: 3998; Percent complete: 100.0%; Average loss: 2.2275
Iteration: 3999; Percent complete: 100.0%; Average loss: 2.7124
Iteration: 4000; Percent complete: 100.0%; Average loss: 2.5975
```

为了和聊天机器人对话，可以运行上述 evaluateInput 和机器人进行交互，当想退出交互聊天时，输入"quit"即可退出。

18.6 总结

本章讲解了如何构建一个聊天机器人，涉及 Seq2Seq 模型，以及其主要组成部分 Encoder、Decoder、Attention 等，主要的理论知识大多在第 15 章提到过，本章主要介绍将这些知识与实际的数据进行结合运用，并实现与聊天机器人的交互。

第19章

CycleGAN 模型

图像到图像的转换，任务的目标一般是使用一组标记的图像对来学习输入图像和输出图像之间的映射。但是，对于许多任务，一一配对训练数据并不容易获取。CycleGAN 模型是一种在没有配对示例的情况下学习将图像从源域 X 转换到目标域 Y 的方法。CycleGAN 模型在风格转移、对象变形、季节转移、照片增强等任务上展示了比较好的结果效果。本章将使用马的图片转换到斑马的图片来讲解 CycleGAN 模型。

19.1 CycleGAN模型架构

CycleGAN 模型的目标是学习一个映射 $G: X \rightarrow \hat{Y}$，使得鉴别器无法区分 $G(X)$ 生成的图像 $\hat{Y}$ 与真实的图像 Y。CycleGAN 模型还学习逆映射 $F: Y \rightarrow \hat{X}$，这样可以完成一个生成图像的循环，先用 $G(X)$ 生成图像 $\hat{Y}$，再用 $F(\hat{Y})$ 生成 $\hat{X}$，并引入循环一致性损失来推动 $F(G(X)) \approx X$。

图 19-1 展示 CycleGAN 模型的基本架构，其中图 19-1（a）显示了 CycleGAN 模型，既可以学习从 X 到 Y 的映射 G，又可以学习从 Y 到 X 的映射 F。其中图 19-1（b）展示的是 $F(G(X))$ 的过程，这个过程有两步，第一步是 $G(x)$ 生成 $\hat{Y}$，第二步 $F(\hat{Y})$ 生成 $\hat{x}$。其中图 19-1（c）展示的是 $G(F(Y))$ 的过程，和 $F(G(X))$ 的过程类似。模型的训练就是通过优化循环一致性损失函数及对抗损失函数，来推动 $F(G(X)) \approx X$ 及 $G(F(Y)) \approx Y$。

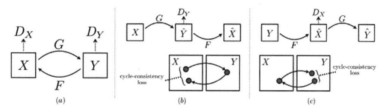

图19-1　CycleGAN模型

图19-2　CycleGAN模型中斑马和马相互转换的效果

19.2 CycleGAN 模型的应用

下面以开源的 CycleGAN 模型来讲解这个模型的安装、训练和测试。项目使用的是斑马和马的例子，图 19-2 上半部分是 zebra（斑马）→ horse（马），下半部分是 horse（马）→ zebra（斑马）。

19.2.1 安装依赖包

安装 CycleGAN 模型依赖包的步骤如下。

在 Jupyter Notebook 中运行代码，第一步，复制 GitHub 上的代码。代码如下：

```
!git clone https://github.com/junyanz/pytorch-CycleGAN-and-pix2pix
```

输出结果如下：

```
Cloning into 'pytorch-CycleGAN-and-pix2pix'...
remote: Enumerating objects: 2337, done.
remote: Total 2337 (delta 0), reused 0 (delta 0), pack-reused 2337
Receiving objects: 100% (2337/2337), 8.09 MiB | 12.69 MiB/s, done.
Resolving deltas: 100% (1499/1499), done.
```

第二步，进入 CycleGAN 项目目录。可以先用 pwd 命令查看当前文件位置，如果已经在项目文件夹，这一步可以跳过。代码如下：

```
import os
os.chdir('pytorch-CycleGAN-and-pix2pix/')
```

第三步，安装所有的依赖项，代码如下：

```
!pip install -r requirements.txt
```

输出结果如图 19-3 所示。

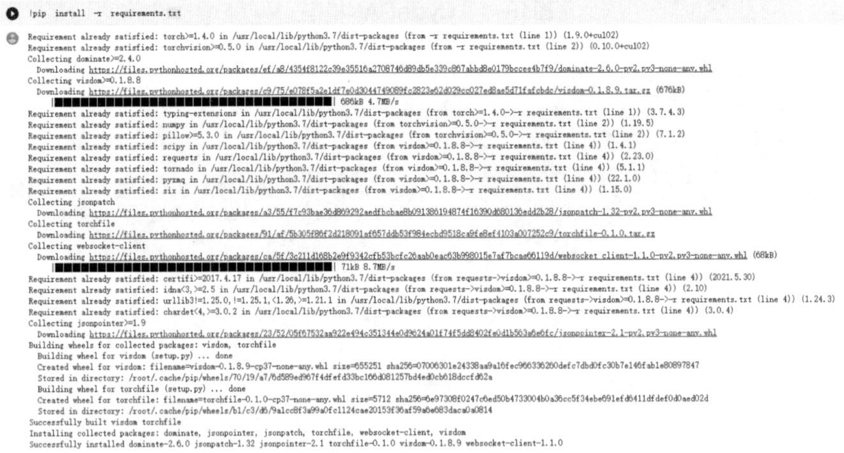

```
!pip install -r requirements.txt

Requirement already satisfied: torch>=1.4.0 in /usr/local/lib/python3.7/dist-packages (from -r requirements.txt (line 1)) (1.9.0+cu102)
Requirement already satisfied: torchvision>=0.5.0 in /usr/local/lib/python3.7/dist-packages (from -r requirements.txt (line 2)) (0.10.0+cu102)
Collecting dominate>=2.4.0
  Downloading https://files.pythonhosted.org/packages/ef/a8/4354f8122c39e35516a2708746d89db5e339c867abbd8e0179bccee4b7f9/dominate-2.6.0-py2.py3-none-any.whl
Collecting visdom>=0.1.8.8
  Downloading https://files.pythonhosted.org/packages/c9/75/e078f5a2e1df7e0d3044749089fc2823e62d029cc027ed8ae5d71fafcbdc/visdom-0.1.8.9.tar.gz (676kB)
     |████████████████████████████████| 686kB 4.7MB/s
Requirement already satisfied: typing-extensions in /usr/local/lib/python3.7/dist-packages (from torch>=1.4.0->-r requirements.txt (line 1)) (3.7.4.3)
Requirement already satisfied: numpy in /usr/local/lib/python3.7/dist-packages (from torchvision>=0.5.0->-r requirements.txt (line 2)) (1.19.5)
Requirement already satisfied: pillow>=5.3.0 in /usr/local/lib/python3.7/dist-packages (from torchvision>=0.5.0->-r requirements.txt (line 2)) (7.1.2)
Requirement already satisfied: scipy in /usr/local/lib/python3.7/dist-packages (from visdom>=0.1.8.8->-r requirements.txt (line 4)) (1.4.1)
Requirement already satisfied: requests in /usr/local/lib/python3.7/dist-packages (from visdom>=0.1.8.8->-r requirements.txt (line 4)) (2.23.0)
Requirement already satisfied: tornado in /usr/local/lib/python3.7/dist-packages (from visdom>=0.1.8.8->-r requirements.txt (line 4)) (5.1.1)
Requirement already satisfied: pyzmq in /usr/local/lib/python3.7/dist-packages (from visdom>=0.1.8.8->-r requirements.txt (line 4)) (22.1.0)
Requirement already satisfied: six in /usr/local/lib/python3.7/dist-packages (from visdom>=0.1.8.8->-r requirements.txt (line 4)) (1.15.0)
Collecting jsonpatch
  Downloading https://files.pythonhosted.org/packages/a3/55/f7c93bae36d869292aedfbcbae8b091386194874f16390d680136edd2b28/jsonpatch-1.32-py2.py3-none-any.whl
Collecting torchfile
  Downloading https://files.pythonhosted.org/packages/91/af/5b305f86f2d218091af657ddb53f984ecbd9518ca9fe8ef4103a007252c9/torchfile-0.1.0.tar.gz
Collecting websocket-client
  Downloading https://files.pythonhosted.org/packages/ca/5f/3c211d168b2e9f9342cfb53bcfc26aab0eac63b998015e7af7bcae66119d/websocket_client-1.1.0-py2.py3-none-any.whl (68kB)
     |████████████████████████████████| 71kB 8.7MB/s
Requirement already satisfied: certifi>=2017.4.17 in /usr/local/lib/python3.7/dist-packages (from requests->visdom>=0.1.8.8->-r requirements.txt (line 4)) (2021.5.30)
Requirement already satisfied: idna<3,>=2.5 in /usr/local/lib/python3.7/dist-packages (from requests->visdom>=0.1.8.8->-r requirements.txt (line 4)) (2.10)
Requirement already satisfied: urllib3!=1.25.0,!=1.25.1,<1.26,>=1.21.1 in /usr/local/lib/python3.7/dist-packages (from requests->visdom>=0.1.8.8->-r requirements.txt (line 4)) (1.24.3)
Requirement already satisfied: chardet<4,>=3.0.2 in /usr/local/lib/python3.7/dist-packages (from requests->visdom>=0.1.8.8->-r requirements.txt (line 4)) (3.0.4)
Collecting jsonpointer>=1.9
  Downloading https://files.pythonhosted.org/packages/23/52/05f67532aa922e494c351344e0d9624a01f74f5dd8402fe0d1b563a6e6fc/jsonpointer-2.1-py2.py3-none-any.whl
Building wheels for collected packages: visdom, torchfile
  Building wheel for visdom (setup.py) ... done
  Created wheel for visdom: filename=visdom-0.1.8.9-cp37-none-any.whl size=655251 sha256=07006301e24338aa9a16fec966336260defc7dbd0fc30b7e146fab1e80897847
  Stored in directory: /root/.cache/pip/wheels/70/19/a7/6d589ed967f4dfefd33bc166d081257bd4ed0cb618dccfd62a
  Building wheel for torchfile (setup.py) ... done
  Created wheel for torchfile: filename=torchfile-0.1.0-cp37-none-any.whl size=5712 sha256=6e97308f0247c6ed50b4733004b0a36cc5f34ebe691efd6411dfdef0d0aed02d
  Stored in directory: /root/.cache/pip/wheels/b1/c3/d6/9a1cc8f3a99a0fc1124cae20153f36af59a6e683daca0a0814
Successfully built visdom torchfile
Installing collected packages: dominate, jsonpointer, jsonpatch, torchfile, websocket-client, visdom
Successfully installed dominate-2.6.0 jsonpatch-1.32 jsonpointer-2.1 torchfile-0.1.0 visdom-0.1.8.9 websocket-client-1.1.0
```

图19-3　安装依赖库

19.2.2　准备数据集

下载 CycleGAN 官方数据集，中括号内是可以下载的所有数据集，例如，apple zorange 是将苹果转换为橙子的数据集。接下来我们要用的是 horse2zebra，也就是将马转换为斑马的数据集。

```
bash ./datasets/download_cyclegan_dataset.sh [apple2orange, orange2apple,
summer2winter_yosemite, winter2summer_yosemite, horse2zebra,
```

```
zebra2horse, monet2photo, style_monet, style_cezanne, style_ukiyoe,
style_vangogh, sat2map, map2sat, cityscapes_photo2label, cityscapes_
label2photo, facades_photo2label, facades_label2photo, iphone2dslr_flower]
```

下面的命令就是下载 horse 2 zebra 数据集，例如：

```
!bash ./datasets/download_cyclegan_dataset.sh horse2zebra
```

输出的内容就是下载的过程，数据集保存在了 datasets 目录下，如图 19-4 所示。

```
[7]  !bash  ./datasets/download_cyclegan_dataset.sh  horse2zebra
  inflating: ./datasets/horse2zebra/testA/n02381460_670.jpg
  inflating: ./datasets/horse2zebra/testA/n02381460_4430.jpg
  inflating: ./datasets/horse2zebra/testA/n02381460_4110.jpg
  inflating: ./datasets/horse2zebra/testA/n02381460_6920.jpg
  inflating: ./datasets/horse2zebra/testA/n02381460_20.jpg
  inflating: ./datasets/horse2zebra/testA/n02381460_4010.jpg
  inflating: ./datasets/horse2zebra/testA/n02381460_2950.jpg
  inflating: ./datasets/horse2zebra/testA/n02381460_3120.jpg
  inflating: ./datasets/horse2zebra/testA/n02381460_2050.jpg
  inflating: ./datasets/horse2zebra/testA/n02381460_2150.jpg
  inflating: ./datasets/horse2zebra/testA/n02381460_5090.jpg
  inflating: ./datasets/horse2zebra/testA/n02381460_1750.jpg
  inflating: ./datasets/horse2zebra/testA/n02381460_6300.jpg
  inflating: ./datasets/horse2zebra/testA/n02381460_7190.jpg
  inflating: ./datasets/horse2zebra/testA/n02381460_3660.jpg
  inflating: ./datasets/horse2zebra/testA/n02381460_5500.jpg
  inflating: ./datasets/horse2zebra/testA/n02381460_1100.jpg
  inflating: ./datasets/horse2zebra/testA/n02381460_2540.jpg
  inflating: ./datasets/horse2zebra/testA/n02381460_6640.jpg
  inflating: ./datasets/horse2zebra/testA/n02381460_2890.jpg
  inflating: ./datasets/horse2zebra/testA/n02381460_4630.jpg
  inflating: ./datasets/horse2zebra/testA/n02381460_7140.jpg
  inflating: ./datasets/horse2zebra/testA/n02381460_7250.jpg
  inflating: ./datasets/horse2zebra/testA/n02381460_2120.jpg
  inflating: ./datasets/horse2zebra/testA/n02381460_4160.jpg
  inflating: ./datasets/horse2zebra/testA/n02381460_900.jpg
  inflating: ./datasets/horse2zebra/testA/n02381460_1350.jpg
  inflating: ./datasets/horse2zebra/testA/n02381460_2870.jpg
  inflating: ./datasets/horse2zebra/testA/n02381460_360.jpg
  inflating: ./datasets/horse2zebra/testA/n02381460_8900.jpg
  inflating: ./datasets/horse2zebra/testA/n02381460_500.jpg
  inflating: ./datasets/horse2zebra/testA/n02381460_440.jpg
```

图19-4　下载数据集

通过创建文件夹添加图片，也可以创建自己的数据集。

首先，需要在 /datasets 目录下创建自己数据集的文件夹；然后在自己数据集的文件夹下面创建子文件夹 testA、testB、trainA 和 trainB。其中，前缀为 test 的是测试数据集，前缀为 train 的是训练数据集；数据为 A 的是源域图片，后缀为 B 的是目标域图片。例如，test A 文件夹下是源域 A 的测试数据集。

19.2.3　预训练模型

预训练模型能够加快训练的速度，所以还是先下载一个官方的预训练模型：

```
bash ./scripts/download_cyclegan_model.sh [apple2orange, orange2apple,
summer2winter_yosemite, winter2summer_yosemite, horse2zebra,
```

```
zebra2horse, monet2photo, style_monet, style_cezanne, style_ukiyoe,
style_vangogh, sat2map, map2sat, cityscapes_photo2label, cityscapes_
label2photo, facades_photo2label, facades_label2photo, iphone2dslr_
flower]
```

和数据集的命令一样，选择其中的一个模型即可，这里跟数据集保持一致，也下载 horse 2 zebra 数据集的预训练模型。运行以下命令：

```
!bash ./scripts/download_cyclegan_model.sh horse2zebra
```

输出结果如图 19-5 所示。

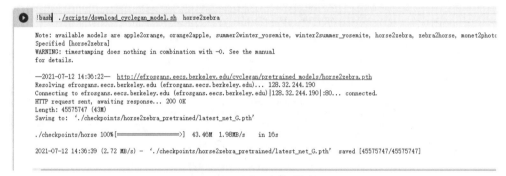

图19-5　下载预训练模型

也可以添加自己的预训练模型到以下位置：

```
./checkpoints/{NAME}_pretrained/latest_net_G.pt
```

19.2.4　训练模型

模型的训练有两个可以调整的参数，分别是 dataroot 和 name，分别表示数据集所在的目录和模型的名称，接下来开始训练模型。

```
python train.py --dataroot ./datasets/horse2zebra --name horse2zebra
--model cycle_gan
```

可以改变 --dataroot 和 --name 到自己的数据集目录和模型的名称。

模型训练完成之后，将最新的 checkpoint 保存到一个固定的格式，这样测试模型的时候就可以自动检测到。

如果想将图片从 class A 转化到 class B，那么使用如下代码：

```
cp ./checkpoints/horse2zebra/latest_net_G_A.pth ./checkpoints/horse2zebra/
latest_net_G.pth
```

如果想将图片从 class B 转化到 class A，那么使用如下代码：

```
cp ./checkpoints/horse2zebra/latest_net_G_B.pth ./checkpoints/horse2ze-
bra/latest_net_G.pth
```

19.2.5　测试模型

更改 --dataroot 和 --name，与训练模型时的配置保持一致，这里继续使用 horse2zebra。

```
python test.py --dataroot .datasets/horse2zebra/testA --name horse2zebra
pretrained--model test--no dropout
```

图 19-6 显示了测试模型的过程，模型将基于真实图片生成新的图片。这里展示的是命令执行的结果，接下来将通过可视化来展示基于原始图片生成新图片的效果。

```
[Network G] Total number of parameters : 11.378 M
-----------------------------------------------
creating web directory ./results/horse2zebra_pretrained/test_latest
processing (0000)-th image... ['datasets/horse2zebra/testA/n02381460_1000.jpg']
processing (0005)-th image... ['datasets/horse2zebra/testA/n02381460_1110.jpg']
processing (0010)-th image... ['datasets/horse2zebra/testA/n02381460_1260.jpg']
processing (0015)-th image... ['datasets/horse2zebra/testA/n02381460_1420.jpg']
processing (0020)-th image... ['datasets/horse2zebra/testA/n02381460_1690.jpg']
processing (0025)-th image... ['datasets/horse2zebra/testA/n02381460_1830.jpg']
processing (0030)-th image... ['datasets/horse2zebra/testA/n02381460_2050.jpg']
processing (0035)-th image... ['datasets/horse2zebra/testA/n02381460_2460.jpg']
processing (0040)-th image... ['datasets/horse2zebra/testA/n02381460_2870.jpg']
processing (0045)-th image... ['datasets/horse2zebra/testA/n02381460_3040.jpg']
```

图19-6　测试模型

19.2.6　结果可视化

使用 matplotlib 进行可视化，首先可视化模型生成的图片，如图 19-7 所示。代码如下：

```
import matplotlib.pyplot as plt
img= plt.imread('./results/horse2zebra_pretrained/test_latest/images/
n02381460_1010_fake.png')
plt.imshow(img)
```

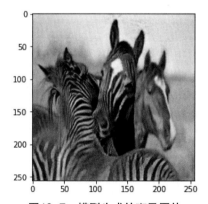

图19-7　模型生成的斑马图片

再可视化一下原图，如图 19-8 所示。代码如下：

```
import matplotlib.pyplot as plt
img=plt.imread('./results/horse2zebra_pretrained/test_latest/images/
n02381460_1010_real.png')
plt.imshow(img)
```

图19-8　输入模型的原始图片

19.3 总结

本章首先介绍了图像到图像转换任务中的一种特殊情况，就是没有一对一配对的数据集。然后介绍了 CycleGAN 模型解决这个问题的思路，以及 CycleGAN 模型的原理。最后通过使用 pytorch-CycleGAN-and-pix2pix 项目完成了马的图像到斑马的图像进行转换的任务。

第20章

图像超分辨率与ESPCN

近年来，基于深度学习的图像超分辨率的算法取得了很好的效果。因此，本章将介绍一个经典的基于深度卷积网络的图像超分辨率ESPCN（Efficient Sub-Pixel Convolutional Neural Network，高效亚像素卷积网络）算法，剖析ESPCN算法的基本原理，然后在PyTorch中使用ESPCN算法来实现图像超分辨率应用。

图像超分辨率技术是指将低分辨率的图像经过算法重建为高分辨率的图像，图 20-1 展示了将低分辨率图像转化为高分辨率图像的图像重建过程。在日常的使用场景中，我们在计算机中直接提升图像的分辨率通常是使用插值算法的方式来完成，但是使用插值算法得到的图像往往丢失了大量的高频细节，视觉效果难以让人满意。

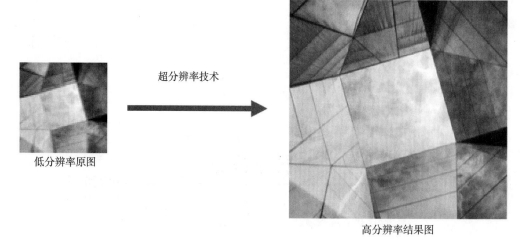

超分辨率技术

低分辨率原图

高分辨率结果图

图20-1　图像超分辨率效果

 理解图像超分辨率和ESPCN算法

下面介绍图像超分辨率的产生背景和 ESPCN 算法原理。

20.1.1　图像超分辨率背景介绍

在许多关于超分辨率的技术文章中，能经常看到低分辨率图像经插值算法得到的图片与某一超分辨率算法处理之后的结果的对比。这是因为基于插值的超分辨率算法是最常用的传统超分辨率技术。例如，当使用计算机中的图片查看器将图像进行手工放大操作时，这就是一个图像超分辨算法的过程，此时，计算机就是使用基于插值的算法来实现图像超分辨。这类方法有计算较为简单、速度快的优点。但是如图 20-2 所示，基于插值的超分辨率算法得到的图像的细节部分往往较为模糊，图像缺乏大量高频细节，而使用 ESPCN 算法重建得到的高分辨率结果图像却能够得到更加丰富的细节与纹理，其结果也更加接近真实高分辨率的图像。

图像超分辨率算法一直是计算机视觉领域的研究热点，但是在 ESPCN 算法被提出之前，基于深度学习的超分辨率算法的处理效率都不够理想，无法达到实时处理的速度。这是因为早期的许多基于深度学习的超分辨率算法，都采用了先将低分辨率图像进行上采样，再输入深度神经网络处理的工作流，这也就意味着这类方法的卷积操作在较高的分辨率上进行，相比于 ESPCN 算法在低分辨率图像上计算卷积，这类方法的效率会显著低于 ESPCN。至于 ESPCN 算法的上采样操作，该方法的作者提出了一种高效率的亚像素卷积的方法来完成图像最终的超分辨率重建。虽然在该方法的论文中称提出的上采样操作为亚像素卷积，但是实际上该操作并不涉及卷积运算，而是一种高效、快速、无参的像素重排列的上采样方式。由于该操作速度很快，可以直接将该方法应用在视频超分辨率任务中，甚至也可以做到实时处理。该方法提出的亚像素卷积操作在 PyTorch 中的实现为 PixelShuffle 函数。在本章接下来的内容中，我们将详细介绍 ESPCN 算法中的模型结构与该方法的工作流，也将揭示该算法的核心亚像素卷积的基本原理。

插值算法结果图像　　　　　　ESPCN 算法结果图像　　　　　　真实高分辨率图像

图20-2　不同算法得到结果图像与真实高分辨率图像对比

20.1.2　ESPCN算法原理

ESPCN 算法提出的亚像素卷积凭借其优秀的性能对后续的图像超分辨率算法的研究产生了一定的影响，因此，ESPCN 算法即成为图像超分辨率领域的经典算法。该算法由来自 Twitter 公司的研究人员 Wenzhe Shi 和 Jose Caballero 在 2016 年的计算机视觉顶级会议 CVPR 中提出，当时该算法在图像超分辨率的常用数据集上均能取得最佳的实验效果。

单幅图像的超分辨率任务的目标为，从给定的一幅低分辨率（Low Resolution，LR）图像I^{LR}估计出其对应原始的真实高分辨率（High Resolution，HR）图像I^{HR}。一般而言，在超分辨率任务神经网络的训练阶段，输入的低分辨率图像I^{LR}都是从高分辨率图像I^{HR}下采样得来的。我们一般使用高斯滤波器以r的下采样比例对高分辨率图像进行处理得到低分辨率图像，而且这个下采样的比例对神经网络来说是已知的。通常来说，低分辨率图像与高分辨率图像都有 R、G、B 三个通道，我们记图像的通道数为C。于是，低分辨率图像I^{LR}与其对应的高分辨率图像I^{HR}可以分别表示为长、宽、通道数为$H \times W \times C$的张量与长、宽、通道数为$rH \times rW \times C$的张量。

ESPCN 算法接收低分辨率图像I^{LR}作为输入，经若干层深度卷积神经网络处理后，经亚像素卷积上采样后即能输出最终的超分辨率（Super Resolution，SR）图像I^{SR}。一个包含若干卷积层的 ESPCN 的结构如图 20-3 所示，其中$f_1 \times f_1$与$f_l \times f_l$分别表示用于提取对应特征图的卷积层。

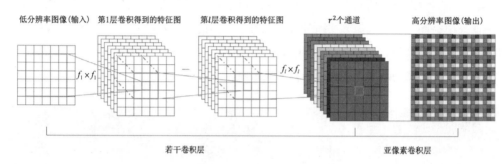

低分辨率图像（输入）　第1层卷积得到的特征图　　第l层卷积得到的特征图　　r^2个通道　　高分辨率图像（输出）

$f_1 \times f_1$　　　　　　　　　　　　　　　$f_l \times f_l$

若干卷积层　　　　　　　　　　　　亚像素卷积层

图20-3　ESPCN结构

对于一个包含L层的 ESPCN，前$L-1$层可以由以下公式表示：

$$f^1\left(I^{LR};W_1,b_1\right)=\varphi\left(W_1 * I^{LR}+b_1\right)$$

$$f^l\left(I^{LR};W_{1:l},b_{1:l}\right)=\varphi\left(W_l * f^{l-1}\left(I^{LR}\right)+b_l\right)$$

其中，$W_l,b_l,l \in (1,L-1)$，分别表示 ESPCN 中可以被学习的卷积层的权重和偏置。W_l为 2D 卷积中尺寸为$n_{l-1} \times n_l \times k_l \times k_l$的张量，$n_l$为第$l$个卷积层的卷积核数量，$n_0 = C$，$k_l$为第$l$个卷积层的卷积核的尺寸，偏置$b_l$为长度为$n_l$的向量，$\varphi(\bullet)$为固定的激活函数。ESPCN 的最后一层$f_l(\bullet)$即为将特征图上采样为超分辨率图像$I^{SR}$的亚像素卷积层。

在介绍亚像素卷积之前，先简单解释一下何谓亚像素。在现实生活中，摄像机所获得的图像数据实际上是将现实图像进行了离散化的处理所得到的，因为摄像机的感光元件采样能力的限制，实际上摄像机采样到成像面上每个像素点只代表该位置像素点附近的颜色。例如，摄像机中的两个感光元件上采样得到的像素点之间的距离大概为 4.5 μm，从宏观上看这两个像素点是紧挨在一起的，但是在微观上这两个像素点之间还有无数微小的像素存在，这些存在于摄像机采样得到的两个物理像素之间的像素称为"亚像素"。如图 20-4 所示，每四个矩形点围成的矩形区域为实际元件上的像素点，黑色点为亚像素点。亚像素在实际物体上是存在的，只是由于摄像设备的硬件性能的局限性，缺少采样能力更加细腻的感光元件将其检测出来，因此我们只能在软件上将其近似计算出来。

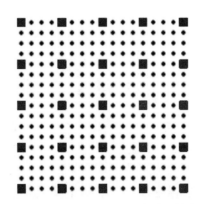

图20-4　未被感光元件捕捉的亚像素

通过前面的介绍，到这里大概就能理解输入亚像素卷积层的特征图为何包含r^2个通道了。我们可以理解为 ESPCN 的前端的卷积层计算模拟出了输入低分辨率图像对应的高分辨率图像的亚像素，而 ESPCN 的末端的亚像素卷积层的功能就是将这些像素重排为一张尺寸为$rH \times rW \times C$的高分辨率的图像。这也解释了为何在 PyTorch 中亚像素卷积层的实现函数被取名为 PixelShuffle。我们可以将经过最终的亚像素卷积层得到超分辨率图像I^{SR}的过程用公式表示为

$$I^{\mathrm{SR}} = f^L\left(I^{\mathrm{SR}}\right) = PS\left(W_L * f^{L-1}\left(I^{\mathrm{SR}}\right) + b_L\right)$$

其中，$PS(\cdot)$表示周期性重排操作，即该操作为能够将形状为$H \times W \times C \cdot r^2$的张量重排为形状为$rH \times rW \times C$的张量。图 20-3 展示了该重排操作的过程与最终效果。在数学上，该像素重排操作可以表达为

$$PS\left(T\right)_{x,y,c} = T_{\lfloor x/r \rfloor, \lfloor x/r \rfloor, C \cdot r \cdot \mathrm{mod}(y,r) + C \cdot \mathrm{mod}(x,r) + c}$$

接下来我们定义 ESPCN 的损失函数。给定一个包含高分辨率图像的训练数据集$I_n^{\mathrm{HR}}, n = 1, 2, \cdots, N$，生成高分辨率图像对应的低分辨率图像$I_n^{\mathrm{LR}}, n = 1, 2, \cdots, N$。将低分辨率图像输入 ESPCN 后可以得到一个超分辨率结果图像。我们将计算高分辨率图像与超分辨率图像之间的像素均方误差作为训练 ESPCN 的损失函数，该损失函数可以表示为

$$\mathcal{L}(W_{1:L}, b_{1:L}) = \frac{1}{r^2 HW} \sum_{x=1}^{rH} \sum_{x=1}^{rW} \left(I_{x,y}^{\mathrm{HR}} - f_{x,y}^L\left(I^{\mathrm{LR}}\right)\right)^2$$

从整体上而言，ESPCN 的结构并不复杂，但是这个方法最为巧妙之处就是提出亚像素卷积层来完成超分辨率任务的上采样操作。这样一来，网络的卷积层的特征提取操作都在低分辨率空间上完成，这样就大大降低了网络的计算复杂度，也让图像超分辨率任务能够达到实时的效率。图 20-5 展示了部分图像的超分辨率效果对比。ESPCN 算法在提出之后也有了不容小觑的影响力，也影响后续一代又一代的超分辨率算法的设计。接下来我们将使用 PyTorch 框架实现 ESPCN 算法。

插值算法结果图像 ESPCN算法结果图像 真实高分辨率图像

图20-5　ESPCN超分辨率效果对比图

20.2 制作数据集

　　我们将要用的图片数据制作成 HDF5 格式的数据集，方便网络在训练与测试时读取。我们编写一个 prepare_data.py 脚本来完成以上功能。首先看这个脚本所依赖的库，argparse 库用于读取命令行的输入参数，glob 库用于获取文件夹中的所有文件，h5py 库提供了制作 HDF5 格式的数据集的一些接口，PIL 与 numpy 库用来读取图片与修改操纵图像数据。

```
import argparse
import glob
import h5py
import numpy as np
```

```
import PIL.Image as pil_image
```

接着就可以开始制作 HDF5 格式的数据集了。先看一下调用数据集制作函数的代码，可以看到此处读取了几个制作数据集的关键参数，这些都直接影响到后续数据集文件的制作。

```
if __name__ == '__main__':
    parser = argparse.ArgumentParser()
    parser.add_argument('--images-dir', type=str, required=True)
                                                    # 文件夹路径
    parser.add_argument('--output-path', type=str, required=True)
                                                    # 数据集保存路径
    parser.add_argument('--scale', type=int, default=3) # 图片缩放尺度
    parser.add_argument('--patch-size', type=int, default=17)  # 图片块尺寸
    parser.add_argument('--stride', type=int, default=13) # 切割图片步长
    parser.add_argument('--eval', action='store_true') # 是否制作测试数据集
    args = parser.parse_args()
    if not args.eval:
        train_data(args)
    else:
        eval_data(args)
```

下述代码中的 train_data 函数与 eval_data 函数分别完成制作训练数据集文件与测试数据集文件，其中涉及了一个 convert_rgb_to_y 函数，这个函数是按照常用的 RGB 图像转化为灰度图像公式来编写的。在实验中我们使用的均为公开数据集，训练集为 Timofte 数据集，测试集为 Set5 与 Set14 数据集。

```
def convert_rgb_to_y(img, dim_order='hwc'):
    if dim_order == 'hwc':
        return 16. + (64.738 * img[..., 0] + 129.057 * img[..., 1] +
            25.064 * img[..., 2]) / 256.
    else:
        return 16. + (64.738 * img[0] + 129.057 * img[1] + 25.064 *
            img[2]) / 256.


def train_data(args):
    h5_file = h5py.File(args.output_path, 'w')
    lr_patches = []
    hr_patches = []
    # 遍历每张图片
    for image_path in sorted(glob.glob('{}/*'.format(args.images_dir))):
        hr = pil_image.open(image_path).convert('RGB')
        hr_width = (hr.width // args.scale) * args.scale
        hr_height = (hr.height // args.scale) * args.scale
        hr = hr.resize((hr_width, hr_height), resample=pil_image.BICUBIC)
        lr = hr.resize((hr_width // args.scale, hr_height // args.scale),
            \ resample=pil_image.BICUBIC)# 下采样为低分辨率图像
        hr = np.array(hr).astype(np.float32)
        lr = np.array(lr).astype(np.float32)
```

```
        hr = convert_rgb_to_y(hr) # 只保留亮度通道
        lr = convert_rgb_to_y(lr)
            # 将图像切分为统一大小的图像块，方便网络训练
        for i in range(0, lr.shape[0] - args.patch_size + 1, args.stride):

            for j in range(0, lr.shape[1] - args.patch_size + 1, args.stride):
                lr_patches.append(lr[i:i + args.patch_size, j:j + args.
                                  patch_size])
                hr_patches.append(hr[i * args.scale:i * args.scale +
                                  args.patch_size\ * args.scale, j *
                                  args.scale:j * args.scale + args.
                                  patch_size * args.scale])
    lr_patches = np.array(lr_patches)
    hr_patches = np.array(hr_patches)
    h5_file.create_dataset('lr', data=lr_patches) # 制作成 HDF5 数据集
    h5_file.create_dataset('hr', data=hr_patches)
    h5_file.close()

# 制作测试数据集与制作数据集十分类似，只是没有图像切分的步骤
def eval_data(args):
    h5_file = h5py.File(args.output_path, 'w')
    lr_group = h5_file.create_group('lr')
    hr_group = h5_file.create_group('hr')

for i, image_path in enumerate(\
sorted(glob.glob('{}/*'.format(args.images_dir)))):
        hr = pil_image.open(image_path).convert('RGB')
        hr_width = (hr.width // args.scale) * args.scale
        hr_height = (hr.height // args.scale) * args.scale
        hr = hr.resize((hr_width, hr_height), resample=pil_image.BICUBIC)
        lr = hr.resize((hr.width // args.scale, hr_height // args.scale),
                      \ resample=pil_image.BICUBIC)
        hr = np.array(hr).astype(np.float32)
        lr = np.array(lr).astype(np.float32)
        hr = convert_rgb_to_y(hr)
        lr = convert_rgb_to_y(lr)
        lr_group.create_dataset(str(i), data=lr)
        hr_group.create_dataset(str(i), data=hr)
    h5_file.close()
```

制作好 HDF5 格式的数据集文件之后，就可以编写对应训练与测试数据的 Dataset 类了。相关代码的编写非常简单，只要读取文件，然后返回对应的数据即可。原始图像的像素值为 $0 \sim 255$，但是在转成 tensor 时，数值需要被归一化到 $0 \sim 1$。datasets.py 脚本的详细代码如下：

```
import h5py
import numpy as np
from torch.utils.data import Dataset


class TrainDataset(Dataset):
```

```
    def __init__(self, h5_file):
        super(TrainDataset, self).__init__()
        self.h5_file = h5_file # 文件路径

    def __getitem__(self, idx):
        with h5py.File(self.h5_file, 'r') as f:
            return np.expand_dims(f['lr'][idx]/255.,0),np.expand_dims\
                (f['hr'][idx] / 255., 0)

    def __len__(self):
        with h5py.File(self.h5_file, 'r') as f:
            return len(f['lr']) # 低分辨率图像的数量

class EvalDataset(Dataset):
    def __init__(self, h5_file):
        super(EvalDataset, self).__init__()
        self.h5_file = h5_file

    def __getitem__(self, idx):
        with h5py.File(self.h5_file, 'r') as f:
            return np.expand_dims(f['lr'][str(idx)][:,:]/255.,0),
                np.expand_dims\
(f['hr'][str(idx)][:, :] / 255., 0)

    def __len__(self):
        with h5py.File(self.h5_file, 'r') as f:
            return len(f['lr'])
```

20.3 构建ESPCN模型

在前面的章节已经详细介绍了 ESPCN 的结构，这个结构比较复杂的内容就是亚像素卷积层的理解与实现。在理解了亚像素卷积层的原理之后，那么借助 PyTorch 框架提供的实现了亚像素卷积的 PixelShuffle 函数，我们就可以很轻易地将 ESPCN 搭建起来。一个典型的 ESPCN 模型由处于前端的若干卷积层与末端的亚像素卷积层组成。一个包含三个卷积层与一个亚像素卷积层的 ESPCN 模型搭建代码 models.py 如下：

```
import math
from torch import nn

class ESPCN(nn.Module):
    def __init__(self, scale_factor, num_channels=1):
        super(ESPCN, self).__init__()
```

```
        self.first_part = nn.Sequential(
            nn.Conv2d(num_channels, 64, kernel_size=5, padding=5//2),
                                                # 第一个卷积层
            nn.Tanh(),
            nn.Conv2d(64, 32, kernel_size=3, padding=3//2), # 第二个卷积层
            nn.Tanh(),
        )
        self.last_part = nn.Sequential(
            nn.Conv2d(32, num_channels * (scale_factor ** 2),\
                    kernel_size=3, padding=3 // 2), # 第三个卷积层
            nn.PixelShuffle(scale_factor) # 亚像素卷积层，按照 scale_factor 上采样
        )
        self._initialize_weights() # 为网络初始化参数

    def _initialize_weights(self):
        for m in self.modules(): # 遍历网络模块
            if isinstance(m, nn.Conv2d): # 为卷积层初始化参数
                if m.in_channels == 32:
                    nn.init.normal_(m.weight.data, mean=0.0, std=0.001)
                    nn.init.zeros_(m.bias.data)
                else:
                    nn.init.normal_(m.weight.data, mean=0.0, std=\
math.sqrt(2/(m.out_channels*m.weight.data[0][0].numel())))
                    nn.init.zeros_(m.bias.data)

    def forward(self, x): # 网络的正向工作流
        x = self.first_part(x)
        x = self.last_part(x)
        return x
```

从以上代码可以看到，我们用比较简单的代码就完成了 ESPCN 模型搭建。ESPCN 的结构清晰，层次分明，代码也很方便读者阅读。无论是在工业界还是在科研领域，这类经典且有影响力的算法往往就是这样以简洁且高效的方式来解决问题的。

20.4 训练ESPCN模型

现在我们已经完成了数据集的制作与 ESPCN 模型的搭建，接下来将编写代码来定义损失函数，以及开始训练 ESPCN 模型。首先我们先看看训练模型需要依赖哪些库，在下面的代码块中，我们在导入依赖库的代码的末尾用注释标明了该依赖库的用途。

```
import argparse   # 从命令行读取参数
```

```
import os # 生成保存路径
import copy # 复制网络

import torch # 模型训练相关
from torch import nn
import torch.optim as optim
import torch.backends.cudnn as cudnn
from torch.utils.data.dataloader import DataLoader
from tqdm import tqdm # 显示训练的进度条

from models import ESPCN
from datasets import TrainDataset, EvalDataset
```

除了以上的依赖库，我们还需要编写一个 calc_psnr 函数和一个 AverageMeter 类。calc_psnr 函数用于计算超分辨率结果图像的 PSNR 值，我们可以将 PSNR 理解为结果超分辨率图像与其对应的真实高分辨率图像的相似度，这个数值越大代表越相似。AverageMeter 类的功能为计算当前序列的平均值。calc_psnr 函数和 AverageMeter 类的详细代码如下：

```
def calc_psnr(img1, img2):
    return 10. * torch.log10(1. / torch.mean((img1 - img2) ** 2))

class AverageMeter(object):
    def __init__(self):
        self.reset()

    def reset(self):
        self.val = 0
        self.avg = 0
        self.sum = 0
        self.count = 0

    def update(self, val, n=1): # 更新对应的记录
        self.val = val
        self.sum += val * n
        self.count += n
        self.avg = self.sum / self.count
```

目前我们已经把训练网络的所有前置工作完成了，现在可以正式开始训练 ESPCN 模型。以下为训练脚本 train.py 的详细代码：

```
if __name__ == '__main__':
    parser = argparse.ArgumentParser()
    parser.add_argument('--train-file', type=str, required=True)
                                    # 训练数据集
    parser.add_argument('--eval-file', type=str, required=True)
                                    # 测试数据集
    parser.add_argument('--outputs-dir', type=str, required=True)
                                    # 模型保存路径
```

```python
parser.add_argument('--scale', type=int, default=3) # 图像缩放因子
parser.add_argument('--lr', type=float, default=1e-3) # 学习率
parser.add_argument('--batch-size', type=int, default=16)
parser.add_argument('--num-epochs', type=int, default=200)
parser.add_argument('--num-workers', type=int, default=8)
parser.add_argument('--seed', type=int, default=123)
args = parser.parse_args()

  args.outputs_dir = os.path.join(args.outputs_dir, 'x{}'.
                                  format(args.scale))

if not os.path.exists(args.outputs_dir):# 创建保存模型文件夹
    os.makedirs(args.outputs_dir)

cudnn.benchmark = True
device = torch.device('cuda:0' if torch.cuda.is_available() else 'cpu')

torch.manual_seed(args.seed)

model = ESPCN(scale_factor=args.scale).to(device) # 搭建模型
criterion = nn.MSELoss() # 定义均方误差损失函数
optimizer = optim.Adam([ # 定义模型优化器
    {'params': model.first_part.parameters()},
    {'params': model.last_part.parameters(), 'lr': args.lr * 0.1}],
lr=args.lr)

train_dataset = TrainDataset(args.train_file) # 构建数据集的 dataloader
train_dataloader = DataLoader(dataset=train_dataset,
                              batch_size=args.batch_size,
                              shuffle=True,
                              num_workers=args.num_workers,
                              pin_memory=True)
eval_dataset = EvalDataset(args.eval_file)
eval_dataloader = DataLoader(dataset=eval_dataset, batch_size=1)

best_weights = copy.deepcopy(model.state_dict()) # 模型的最佳参数
best_epoch = 0
best_psnr = 0.0

for epoch in range(args.num_epochs): # 训练周期
    for param_group in optimizer.param_groups:
        param_group['lr'] = args.lr * (0.1 ** (epoch // int(args.
        num_epochs * 0.8))) # 更新学习率

    model.train()
    epoch_losses = AverageMeter()

    with tqdm(total=(len(train_dataset) - len(train_dataset) % args.
batch_size), ncols=80) as t:
```

```
            t.set_description('epoch: {}/{}'.format(epoch, args.num_
                              epochs - 1))

            for data in train_dataloader: # 遍历数据
                inputs, labels = data
                inputs = inputs.to(device)
                labels = labels.to(device)

                preds = model(inputs) # 输入数据，得到结果
                loss = criterion(preds, labels) # 计算 loss
                epoch_losses.update(loss.item(), len(inputs))

                optimizer.zero_grad() # 更新网络参数
                loss.backward()
                optimizer.step()

                t.set_postfix(loss='{:.6f}'.format(epoch_losses.avg))
                t.update(len(inputs))

        torch.save(model.state_dict(),\
os.path.join(args.outputs_dir, 'epoch_{}.pth'.format(epoch))) # 保存模型

        model.eval() # 在测试数据集上测试数据
        epoch_psnr = AverageMeter()

        for data in eval_dataloader:
            inputs, labels = data

            inputs = inputs.to(device)
            labels = labels.to(device)

            with torch.no_grad():
                preds = model(inputs).clamp(0.0, 1.0)

            epoch_psnr.update(calc_psnr(preds, labels), len(inputs))

        print('eval psnr: {:.2f}'.format(epoch_psnr.avg))

        if epoch_psnr.avg > best_psnr: # 若得到最佳 psnr，则更新 best_weights
            best_epoch = epoch
            best_psnr = epoch_psnr.avg
            best_weights = copy.deepcopy(model.state_dict())

    print('best epoch: {}, psnr: {:.2f}'.format(best_epoch, best_psnr))
    torch.save(best_weights, os.path.join(args.outputs_dir, 'best.pth'))
```

　　以上代码实现了 ESPCN 模型的训练过程，这个过程包含了更新网络参数、测试验证数据集、
比较当前模型性能与保存性能最佳的模型等步骤。在命令行终端输入以下指令就可以开始模型的
训练：

```
python train.py --train-file "BLAH_BLAH/91-image_x3.h5" \
                --eval-file "BLAH_BLAH/Set5_x3.h5" \
                --outputs-dir "BLAH_BLAH/outputs" \
                --scale 3 \
                --lr 1e-3 \
                --batch-size 16 \
                --num-epochs 200 \
                --num-workers 8 \
                --seed 123
```

20.5 测试ESPCN模型

ESPCN 模型完成训练之后，我们就可以开始使用自己的数据测试 ESPCN 模型的性能了。首先我们先定义两个在测试中需要用到的函数，代码如下：

```
def convert_rgb_to_ycbcr(img, dim_order='hwc'):
    if dim_order == 'hwc':
        y = 16. + (64.738 * img[..., 0] + 129.057 * img[..., 1] + 25.064
            * img[..., 2]) / 256.
        cb = 128. + (-37.945 * img[..., 0] - 74.494 * img[..., 1] +
            112.439 * img[..., 2]) / 256.
        cr = 128. + (112.439 * img[..., 0] - 94.154 * img[..., 1] -
            18.285 * img[..., 2]) / 256.
    else:
        y = 16. + (64.738 * img[0] + 129.057 * img[1] + 25.064 * img[2]) / 256.
        cb = 128. + (-37.945 * img[0] - 74.494 * img[1] + 112.439 *
            img[2]) / 256.
        cr = 128. + (112.439 * img[0] - 94.154 * img[1] - 18.285 *
            img[2]) / 256.
    return np.array([y, cb, cr]).transpose([1, 2, 0])


def preprocess(img, device):
    img = np.array(img).astype(np.float32)
    ycbcr = convert_rgb_to_ycbcr(img)
    x = ycbcr[..., 0]
    x /= 255.
    x = torch.from_numpy(x).to(device)
    x = x.unsqueeze(0).unsqueeze(0)
    return x, ycbcr
```

convert_rgb_to_ycbcr 函数将输入的 RGB 格式的图片转化为 YCrCb 格式，这是因为在训练模型时也将图像的格式进行了转换。preprocess 函数完成了图像数据的归一化及张量转换。以下为详细的测试 ESPCN 模型的代码。

```python
import argparse
import torch
import torch.backends.cudnn as cudnn
import numpy as np
import PIL.Image as pil_image
from models import ESPCN

if __name__ == '__main__':
    parser = argparse.ArgumentParser()
    parser.add_argument('--weights-file', type=str, required=True)
    parser.add_argument('--image-file', type=str, required=True)
    parser.add_argument('--scale', type=int, default=3)
    args = parser.parse_args()

    cudnn.benchmark = True
    device = torch.device('cuda:0' if torch.cuda.is_available() else 'cpu')
    model = ESPCN(scale_factor=args.scale).to(device) # 搭建模型
    state_dict = model.state_dict() # 导入预训练模型
for n, p in torch.load(args.weights_file, map_location=lambda storage,\
loc: storage).items():
        if n in state_dict.keys():
            state_dict[n].copy_(p)
        else:
            raise KeyError(n)

    model.eval()
    image = pil_image.open(args.image_file).convert('RGB') # 读取图像
    image_width = (image.width // args.scale) * args.scale
    image_height = (image.height // args.scale) * args.scale

    hr = image.resize((image_width, image_height), resample=pil_image.
                BICUBIC)
    lr = hr.resize((hr.width // args.scale, hr.height // args.scale),
        \ resample=pil_image.BICUBIC) # 得到下采样的低分辨率图像
    bicubic = lr.resize((lr.width * args.scale, lr.height * args.scale),
            \ resample=pil_image.BICUBIC) # 得到插值算法计算的超分辨率图像
    bicubic.save(args.image_file.replace('.', '_bicubic_x{}.'.
                format(args.scale)))

    lr, _ = preprocess(lr, device) # 数据转化为 tensor
    hr, _ = preprocess(hr, device)
    _, ycbcr = preprocess(bicubic, device)
    with torch.no_grad():
        preds = model(lr).clamp(0.0, 1.0) #EPSCN 模型超分辨率图像

    psnr = calc_psnr(hr, preds) # 计算 PSNR
    print('PSNR: {:.2f}'.format(psnr))
    preds = preds.mul(255.0).cpu().numpy().squeeze(0).squeeze(0)
```

```
# 以下步骤为恢复图像
output = np.array([preds, ycbcr[..., 1], ycbcr[..., 2]]).
        transpose([1, 2, 0])
output = np.clip(convert_ycbcr_to_rgb(output), 0.0, 255.0).
        astype(np.uint8)
output = pil_image.fromarray(output)
        output.save(args.image_file.replace('.', '_espcn_x{}.'.
        format(args.scale)))
```

完成以上 ESPCN 模型的测试过程, 仅需要在命令行输入下面的命令:

```
python test.py --weights-file "BLAH_BLAH/espcn_x3.pth" \
        --image-file "data/Test_GT.bmp" \
        --scale 3
```

图 20-6 展示了一幅测试图像经 ESPCN 模型训练得到的超分辨率结果对比与对应的 PSNR 值。我们可以发现 ESPCN 模型超分辨率得到图像的 PSNR 值要显著高于插值算法得到的结果, 这也从定量的角度说明了 ESPCN 性能的优势。

插值算法（PNSR: 22.24dB）　　ESPCN算法（PNSR: 24.14dB）　　真实高分辨率图像

图20-6　超分辨率结果对比

20.6 总结

本章介绍了计算机视觉领域中的一个热门研究——图像超分辨率。本章首先介绍了图像超分辨率的背景, 进而引出了一个经典的基于深度卷积神经网络的 ESPCN 算法, 并深入分析 ESPCN 的结构与其核心的亚像素卷积模块的基本原理。接着使用 PyTorch 实现了 ESPCN 超分辨率算法, 并对算法的每个步骤进行了全方位详细介绍。

第 21 章

强化学习

本章介绍如何使用 PyTorch 实现强化学习算法。具体阐述利用 PyTorch 及 OpenAI Gym 在 CartPole-v0 任务上使用 Deep Q-Learning 算法训练一个智能体自动控制小车左右移动，使连杆不倒，并且能始终保持竖直向上。

任务准备

本章的任务为 CartPole（车杆游戏），即移动小车连杆。假设这样一个场景，有一个小车上面放着一个木杆，木杆的一端与小车固定住的，但杆另一端会因为重力而旋转。对这个场景的建模如图 21-1 所示，假设有一个智能体（Agent），它需要控制小车（Cart）向左或向右移动，但要保证连杆（Pole）一直是竖直向上状态。智能体的就是本章要实现的模型，它可以根据木杆的状态输出应该如何移动小车。

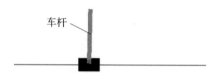

车杆

图21-1　CartPole建模：智能体需要判断如何移动小车

21.1.1　任务说明

首先，环境会给出一个观测值（或称状态），智能体接收到环境给出的状态之后做出相应动作来探索环境。然后，环境会对智能体做出的动作给出一系列的反馈，例如，对这个动作给予一个奖励（reward），表示该动作是否符合最终目标。并且，给出一个新的状态，即当前环境转移（transitions）到下一个新状态。智能体会根据环境给予的奖励值更新自己的策略。在移动小车连杆任务中，智能体使小车保持平衡的时间每增加一个单位步长，则奖励 + 1，游戏继续；如果某步控制小车移动时，使连杆倾斜角度过大或小车距中心位置超过 2.4 个单位距离，则游戏终止。这意味着一个更好的小车控制方案将使游戏持续的时间更长，从而积累回报更大。

在设计移动小车连杆的任务时，智能体输入 4 个实数代表环境的状态（位置、速度等）。然而，基于神经网络的算法可以纯粹地通过观察并分析视觉场景解决该任务，所以该算法的输入仅为以小车为中心截取的一部分屏幕图像。正因为如此，我们要解决的问题相对来说较复杂一些，也就没有和官方排行榜直接比较结果。另外，基于图像的输入由于要渲染所有视频帧，这会降低训练速度。严格地说，我们将当前环境状态表示为当前帧屏幕截图与前一帧屏幕截图之间的差异，这将允许智能体从该差异图像中考虑到连杆的速度因素。

21.1.2　需要的包

CartPole 任务需要使用 gym 包模拟环境，可在命令行中使用 pip install gym 命令安装。除此之外，还需使用如下 PyTorch 模块：

- 神经网络构建（torch.nn）；

- 模型优化（torch.optim）；

- 自动求导（torch.autograd）；

- 用于视觉任务的实用程序（torchvision）。

下述代码导入需要的包并创建了一个 CartPole 游戏环境。

```
import gym
import math
import random
import numpy as np
import matplotlib
import matplotlib.pyplot as plt

# jupyter 中使用 matplotlib，需要加入下行指令
%matplotlib inline

from collections import namedtuple, deque
from itertools import count
from PIL import Image

import torch
import torch.nn as nn
import torch.optim as optim
import torch.nn.functional as F
import torchvision.transforms as T

env = gym.make('CartPole-v0').unwrapped

# 设置 matplotlib
is_ipython = 'inline' in matplotlib.get_backend()
if is_ipython:
    from IPython import display
# 开启 matplotlib 交互模式
plt.ion()
# 如果 GPU 可用，则用 GPU
device = torch.device("cuda" if torch.cuda.is_available() else "cpu")
```

21.2 记忆重放

在介绍 DQN 模型之前，本节先介绍用于训练 DQN 模型的一种技巧——记忆重放，我们将使用记忆重放（replay memory）技巧来训练 DQN 模型。记忆模块存储了智能体与环境的交互，包括给定状态后执行的动作，相应的状态转换及对应于该动作的奖励，模型在训练时通过随机采样可以

重复使用这些数据。我们可以通过在记忆中随机采样，获得相互独立的训练数据并组成一个批次（batch）。实验已经证明，记忆重放极大地稳定并改善了 DQN 的训练过程。为了实现该功能，我们需要实现下面两个类。

（1）Transition：一个命名元组，表示记忆中存放的单个样本，它包含四个元素：当前状态 state、执行动作 action、新状态 next_state 及该步的奖励 reward。它实质上将（state，action）映射到其结果（next_state，reward），其中该状态是屏幕差异图像，稍后将描述如何获得状态表示。

（2）ReplayMemory：一个有界循环缓冲区，用于保存最近观察到的状态转移。它还实现了 sample 函数，用于随机选择训练数据组成批次。

下述代码实现了上述两个类：

```
Transition = namedtuple('Transition',
                        ('state', 'action', 'next_state', 'reward'))

class ReplayMemory(object):

    def __init__(self, capacity):
        self.memory = deque([],maxlen=capacity)

    def push(self, *args):
        """ 保存一条数据到记忆中 """
        self.memory.append(Transition(*args))
    def sample(self, batch_size):
        return random.sample(self.memory, batch_size)

    def __len__(self):
        return len(self.memory)
```

21.3 DQN算法

DQN（Deep Q-Learning）是 Q-Learning 和神经网络的结合，是近年来很火的强化学习方法。

21.3.1　Q-Learning算法

由于环境是确定的，环境就是指 CartPole 游戏。因此为了简单起见，本节给出的所有方程也是确定的，在强化学习文献中，这些方程还包含对环境中状态随机转移的期望。我们的目标是通过训练模型得到一个策略，该策略试图最大化折扣累积奖励 $R_{t_0} = \sum_{t=t_0}^{\infty} \gamma^{t-t_0} r_t$，其中$R_{t_0}$也称为回报；折扣系数$\gamma$处于 0 到 1 之间，以确保总和收敛，它表示智能体对每步行动得到的奖励的重视程度，相对于不确定的远期奖励，智能体会更看重近期奖励。

Q-learning 算法的主要思路如下：假设存在一个奖励函数 $Q^*:\text{State}\times\text{Action}\to\mathbb{R}$，将状态、动作输入给该函数，可以返回一个得分，得分越高越好。策略函数（policy function）$\pi^*:\text{State}\to\mathbb{R}$。$\pi^*(s)$ 表示在状态 s 时，得分最高的动作。于是可以得出两个函数存在如下对应关系，即最大化奖励策略：

$$\pi^*(s)=\text{argmax}_a Q^*(s,a)$$

然而，关于环境我们一无所知，所以没有办法直接得到 Q^*。而神经网络可以看成一个通用函数拟合器，所以可利用神经网络来拟合 Q^*。将其设为 Q^π。为了计算拟合效果 Q^π 与 Q^* 之间的误差，利用贝尔曼（Bellman）方程得到关于奖励函数 Q^π 的方程：

$$Q^\pi(s,a)=r+\gamma Q^\pi(s',\pi(s'))$$

其中，$Q^\pi(s,a)$ 表示 s 状态下，采取动作 a 的奖励。s' 表示执行动作后得到的新状态，$\pi(s')$ 表示新状态对应的最优动作 a'。γ 为权重，是需要学习的一个参数。r 为状态 s 转移到 s' 的价值变化，也称为即时奖励。那么如何优化 Q^π 呢？其实很简单，计算价值与真实价值的差值 δ 即可：

$$\delta=Q(s,a)-Q^\pi(s,a)=Q(s,a)-(r+\gamma\text{max}_a Q^\pi(s',a))$$

接下来，使用 Huber 损失函数最小化上述误差。当误差很小时，Huber 损失函数类似于均方误差损失函数，但是当误差很大时，它类似于平均绝对误差。这使得当模型估计的 Q 噪声很大时，对离群点更加鲁棒性。我们通过从重放记忆中采样的一批数据中计算该损失：

$$\mathcal{L}=\frac{1}{|B|}\sum_{(s,a,s',r)\in B}\mathcal{L}(\delta)$$

$$\mathcal{L}(\delta)=\begin{cases}\dfrac{1}{2}\delta^2, & |\delta|\leqslant 1\\[2mm] |\delta|-\dfrac{1}{2}, & \text{otherwise}\end{cases}$$

21.3.2　Q-Net模型

本节使用卷积神经网络搭建 Q-Net 模型，模型输入当前状态，即当前帧屏幕截图和前一帧屏幕截图的差值，输出 $Q(s,\text{left})$ 和 $Q(s,\text{right})$，分别表示小车左右移动的概率，s 表示输入网络的当前状态。实际上，该模型预测的是在给定当前输入状态 s 的情况下，采取每个操作 a 的期望回报，代码如下：

```
class DQN(nn.Module):
    def __init__(self, h, w, outputs):
        super(DQN, self).__init__()
```

```
        self.conv1 = nn.Conv2d(3, 16, kernel_size=5, stride=2)
        self.bn1 = nn.BatchNorm2d(16)
        self.conv2 = nn.Conv2d(16, 32, kernel_size=5, stride=2)
        self.bn2 = nn.BatchNorm2d(32)
        self.conv3 = nn.Conv2d(32, 32, kernel_size=5, stride=2)
        self.bn3 = nn.BatchNorm2d(32)

        # 全连接层的输入为最后一个卷积层的输出 flatten 后的结果
        # 因此要动态计算卷积层的输出大小
        def conv2d_size_out(size, kernel_size = 5, stride = 2):
            return (size - (kernel_size - 1) - 1) // stride  + 1
        convw = conv2d_size_out(conv2d_size_out(conv2d_size_out(w)))
        convh = conv2d_size_out(conv2d_size_out(conv2d_size_out(h)))
        linear_input_size = convw * convh * 32
        self.head = nn.Linear(linear_input_size, outputs)

    # 返回 tensor([[left0exp,right0exp]...])
    def forward(self, x):
        x = x.to(device)
        x = F.relu(self.bn1(self.conv1(x)))
        x = F.relu(self.bn2(self.conv2(x)))
        x = F.relu(self.bn3(self.conv3(x)))
        return self.head(x.view(x.size(0), -1))
```

21.3.3 抓取输入图像（获得状态表示）

下述代码用于从环境中抓取和处理渲染图像，以获得状态表示。代码中使用了 torchvision 模块，它使我们更加方便地组合图像变换操作。运行代码后将会显示抓取到的图像块。

```
resize = T.Compose([T.ToPILImage(),
                    T.Resize(40, interpolation=Image.CUBIC),
                    T.ToTensor()])

def get_cart_location(screen_width):
    world_width = env.x_threshold * 2
    scale = screen_width / world_width
    return int(env.state[0] * scale + screen_width / 2.0)  # cart 的中间位置

def get_screen():
    # 返回 gym 需要的屏幕截图，大小为 400×600×3，有时需要的图像会更大，
    # 如 800×1200×3，然后将其转换为 torch order(CHW)
    screen = env.render(mode='rgb_array').transpose((2, 0, 1))

    # cart 位于屏幕下半部分，因此去掉屏幕的顶部和底部
    _, screen_height, screen_width = screen.shape
    screen = screen[:, int(screen_height*0.4):int(screen_height * 0.8)]
    view_width = int(screen_width * 0.6)
```

```
    cart_location = get_cart_location(screen_width)
    if cart_location < view_width // 2:
        slice_range = slice(view_width)
    elif cart_location > (screen_width - view_width // 2):
        slice_range = slice(-view_width, None)
    else:
        slice_range = slice(cart_location - view_width // 2,
                            cart_location + view_width // 2)

    # 去除边缘，使得我们有一个以 cart 为中心的方形图像
    screen = screen[:, :, slice_range]
    # 转换为 torch tensor
    screen = np.ascontiguousarray(screen, dtype=np.float32) / 255
    screen = torch.from_numpy(screen)
    # 调整大小，并添加一个维度构成 batch(BCHW)
    return resize(screen).unsqueeze(0)
# 如果不能显示，需要安包装 pyglet==1.2.4
env.reset()
plt.figure()
plt.imshow(get_screen().cpu().squeeze(0).permute(1, 2, 0).numpy(),
        interpolation='none')
plt.title('Example extracted screen')
plt.show()
```

输出结果如图 21-2 所示。

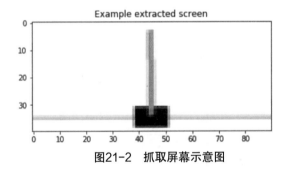

图21-2　抓取屏幕示意图

21.3.4　超参数设置和工具函数

下面通过代码实例化网络模型和优化器，并提供了一些工具函数。

select_action：通过 $\varepsilon-greedy$ 策略选择一个动作 a。具体来说，根据 ε 的大小，有时会通过 Q-Net 选择并执行一个动作，而有时会随机选择并执行一个动作。随机选择动作的概率为 EPS_START，该概率值随指数衰减直到 EPS_END。EPS_DECAY 控制衰减速率。

plot_durations：用于绘制每个 episode 的持续时间，并计算 100 个 episode 的平均持续时间。

```
BATCH_SIZE = 128
```

```
GAMMA = 0.999
EPS_START = 0.9
EPS_END = 0.05
EPS_DECAY = 200
TARGET_UPDATE = 10

# 获取屏幕大小，以便我们可以根据 AI gym 返回的形状正确初始化图层
# 此时的典型尺寸接近 3×40×90
# 这是 get_screen() 中的限幅和缩小渲染缓冲区的结果
init_screen = get_screen()
_, _, screen_height, screen_width = init_screen.shape

# 从 gym 行动空间中获取行动数量
n_actions = env.action_space.n

policy_net = DQN(screen_height, screen_width, n_actions).to(device)
target_net = DQN(screen_height, screen_width, n_actions).to(device)
target_net.load_state_dict(policy_net.state_dict())
target_net.eval()

optimizer = optim.RMSprop(policy_net.parameters())
memory = ReplayMemory(10000)

steps_done = 0

def select_action(state):
    global steps_done
    sample = random.random()
    eps_threshold = EPS_END + (EPS_START - EPS_END) * \
        math.exp(-1. * steps_done / EPS_DECAY)
    steps_done += 1
    if sample > eps_threshold:
        with torch.no_grad():
            # t.max(1) 返回每行的最大值，最大结果的第二列是找到最大元素的索引，
            # 因此我们选择具有较大期望奖励的行动
            return policy_net(state).max(1)[1].view(1, 1)
    else:
        return torch.tensor([[random.randrange(n_actions)]],
device=device, dtype=torch.long)

episode_durations = []

def plot_durations():
    plt.figure(2)
    plt.clf()
    durations_t = torch.tensor(episode_durations, dtype=torch.float)
    plt.title('Training...')
    plt.xlabel('Episode')
    plt.ylabel('Duration')
```

```
plt.plot(durations_t.numpy())
# 取 100 个 episode 的平均值并绘制图像
if len(durations_t) >= 100:
    means = durations_t.unfold(0, 100, 1).mean(1).view(-1)
    means = torch.cat((torch.zeros(99), means))
    plt.plot(means.numpy())

plt.pause(0.001)    # 暂停并更新图表, 为了清晰看到图标, 可调大此值
if is_ipython:
    display.clear_output(wait=True)
    display.display(plt.gcf())
```

21.3.5 训练模型

下述代码用于训练模型, 其中 optimize_model 函数用于执行单步模型优化。这个函数首先从记忆中随机采样一批数据, 并组合所有数据张量成单个张量作为网络的输入, 然后计算 $Q(s_t, a_t)$ 和 $V(s_{t+1}) = \text{MAX}_a Q(s_{t+1}, a)$, 最后根据它们计算损失函数。根据定义, 如果 s 为结束状态, 设置 $V(s) = 0$。为了训练过程更加稳定, 引入目标网络计算 $V(s_{t+1})$。在网络训练过程中的大多数时间, 我们冻结目标网络的参数, 但是时刻更新策略网络的权重。为了简单起见, 使用 episodes 表示一条样本, 是一系列状态、奖励和动作的序列, 如 $(s_1, a_1, r_2, \cdots, s_{t-1}, a_{t-1}, r_t, s_t)$。

```
def optimize_model():
    if len(memory) < BATCH_SIZE:
        return
    transitions = memory.sample(BATCH_SIZE)
    # 调整 batch
    batch = Transition(*zip(*transitions))

    # 计算非最终状态的掩码并组合成 batch( 最终状态将是模拟结束后的状态 )
    non_final_mask = torch.tensor(tuple(map(lambda s: s is not None,
                                  batch.next_state)),device=device,
                                  dtype=torch. uint8)
    non_final_next_states = torch.cat([s for s in batch.next_state
                                      if s is not None])
    state_batch = torch.cat(batch.state)
    action_batch = torch.cat(batch.action)
    reward_batch = torch.cat(batch.reward)

    # 计算 Q(s_t,a) : 模型首先计算 Q(s_t), 然后根据策略网络对每个 batch 选择采取
    # 的动作
    state_action_values = policy_net(state_batch).gather(1, action_
batch)

    # 为下一状态计算 V(s_{t+1})
    # non_final_next_states 的期望值基于 " 较旧 " 的 target_net 计算
```

```
# 用 max(1)[0] 基于掩码选择最佳奖励，这样就可以得到预期的状态值
# 当状态是最终状态时，该值设为 0
next_state_values = torch.zeros(BATCH_SIZE, device=device)
next_state_values[non_final_mask] = target_net(non_final_next_
                                   states).max(1)[0].detach()
# 计算期望的 Q 值
expected_state_action_values = (next_state_values * GAMMA) + reward_
                                batch

# 计算 Huber 损失函数
criterion = nn.SmoothL1Loss()
loss=criterion(state_action_values,
               expected_state_action_values.unsqueeze(1))
# 优化模型
optimizer.zero_grad()
loss.backward()
for param in policy_net.parameters():
    param.grad.data.clamp_(-1, 1)
optimizer.step()
```

下述代码为训练模型时的主循环函数。首先，重置环境并初始化状态。其次，选择一个动作并执行，得到下一个新的状态及该步奖励。完成上述过程后，优化模型一次。当该 episode 结束，即表示本次游戏失败，接下来进入下一轮循环，重启游戏继续上述游戏过程。下述代码的 num_episode 设置得很小，自己在进行实验时，可设置其值超过 300，训练一个更好的模型。

```
num_episodes = 50
for i_episode in range(num_episodes):
    # 初始化环境和状态
    env.reset()
    last_screen = get_screen()
    current_screen = get_screen()
    state = current_screen - last_screen
    for t in count():
        # 选择并执行动作
        action = select_action(state)
        _, reward, done, _ = env.step(action.item())
        reward = torch.tensor([reward], device=device)

        # 观测到新状态
        last_screen = current_screen
        current_screen = get_screen()
        if not done:
            next_state = current_screen - last_screen
        else:
            next_state = None

        # 存储样本到记忆中
        memory.push(state, action, next_state, reward)
```

```
        # 转移到新状态
        state = next_state

        # 优化策略网络
        optimize_model()
        if done:
            episode_durations.append(t + 1)
            plot_durations()
            break
    # 从策略网络拷贝权值，更新目标网络
    if i_episode % TARGET_UPDATE == 0:
        target_net.load_state_dict(policy_net.state_dict())

print('Complete')
env.render()
env.close()
plt.ioff()
plt.show()
```

程序运行状态如图 21-3 所示。

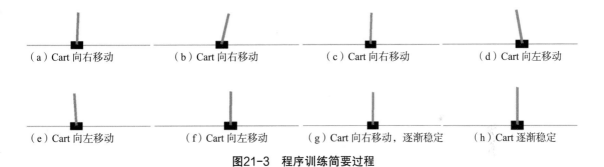

（a）Cart 向右移动　　　（b）Cart 向右移动　　　（c）Cart 向右移动　　　（d）Cart 向左移动

（e）Cart 向左移动　　　（f）Cart 向左移动　　　（g）Cart 向右移动，逐渐稳定　　　（h）Cart 逐渐稳定

图21-3　程序训练简要过程

plot_durations() 函数的输出如图 21-4 所示。

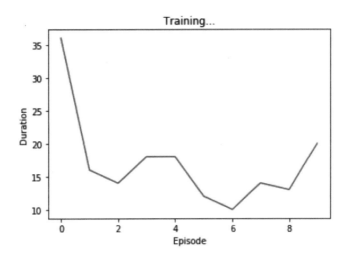

图21-4　每轮Episode的持续时间（训练过程中动态变化）

　　前述算法中，模型可以随机或根据策略网络在给定状态时选择并执行一个动作，然后游戏环境反馈新状态及奖励。我们将当前状态 state、执行动作 action、新状态 next_ action 及该步的奖励 reward 组成元组 (state, action, next_ action, reward) 记录在重放记忆中，用于后续迭代优化模型。训练模型时从重放记忆中随机抽取一批数据对新策略进行训练，并且使用"较旧"的目标网络计算预期的 Q 值，经过固定的迭代次数后更新目标网络以使其保持最新状态。图 21-5 展示了 DQN 算法的训练流程。

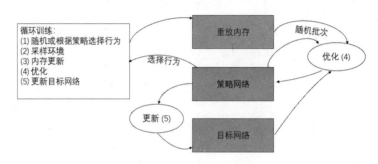

图21-5　DQN算法流程图

21.4 总结

　　本章首先介绍了任务并给出代码运行时的依赖库，接着介绍了记忆重放机制和 DQN 算法，最后给出模型搭建及训练代码。如果读者需要自己训练模型，可以按照 21.1.2 节描述配置环境，将代码复制到本地即可正常运行。